人力资源和社会保障部教育培训中心职业技能"标准化规范化"示范培训系列教材

数字技能类职业技能培训——人工智能（5G技术工程）

5G、人工智能与工业互联

中国通信工业协会5G专委会与人社部教育培训中心联合推出

朱彦鹏　孙　伟　武志超　吕　东　范国权　主编

经济日报 出版社

图书在版编目（CIP）数据

5G、人工智能与工业互联 / 朱彦鹏等主编 . ——北京：
经济日报出版社 , 2023.1
ISBN 978-7-5196-1187-3

Ⅰ . ① 5... Ⅱ . ①朱... Ⅲ . ①第五代移动通信系统－
基本知识②人工智能－基本知识③互联网络－应用－工业
发展－基本知识 Ⅳ . ① TN929.53 ② TP18 ③ F403-39

中国版本图书馆 CIP 数据核字 (2022) 第 167451 号

5G、人工智能与工业互联

主　　编	朱彦鹏　孙　伟　武志超　吕　东　范国权
责任编辑	黄芳芳
责任校对	邵婉云
出版发行	经济日报出版社
地　　址	北京市西城区白纸坊东街 2 号 A 座综合楼 710(邮政编码 :100054)
电　　话	010-6356-7684（总编室）
	010-6358-4556（财经编辑部）
	010-6356-7687（企业与企业家史编辑部）
	010-6356-7683（经济与管理学术编辑部）
	010-6353-8621　6356-7692（发行部）
网　　址	www.edpbook.com.cn
E-mail	edpbook@126.com
经　　销	全国新华书店
印　　刷	北京中科印刷有限公司
开　　本	787 毫米 ×1092 毫米　1/16
印　　张	12
字　　数	231 千字
版　　次	2023 年 1 月第 1 版
印　　次	2023 年 1 月第 1 次印刷
书　　号	ISBN 978-7-5196-1187-3
定　　价	80.00 元

序 言

发展数字经济是"十四五"经济转型的重中之重。截至2022年3月,我国数字经济规模已达到5.35万亿美元,规模居于全球第二位,数字经济增速居于全球第一位。我国产业数字化占数字经济比重为78%,一二三产业数字化进程显著提高。

发展数字经济,离不开人才的支撑。百年大计,教育为本。数字技术在我们所处的这个历史阶段得到了前所未有的发展,知识更新快,学科交叉性强,数字技能学习已经成为人们终身学习的首选。

数字技能的特点不可避免地造成数字人才"供需失衡",据不完全统计,我国目前数字人才缺口达到1000万人。数字人才培养成为一项国家战略性工程。2021年10月,中央网络安全和信息化委员会印发了《提升全民数字素养与技能行动纲要》,首次对提升全民数字素养与技能做出安排与部署。同年10月,人社部办公厅印发了《专业技术人才知识更新工程数字技术工程师培育项目实施办法》,部署实施数字工程师培育项目,加强数字人才培养。

在这样的背景下,人社部教育培训中心与中国通信工业协会联合推出了"人工智能(5G技术工程)"职业培训,满足了数字人才培养的需求。作为课程培训的教材——《5G、人工智能与工业互联》这本书有两个特点:

一是综合性强,编者们将"5G""人工智能""工业互联网""云—边—端"等概念,通过具体案例给读者们展示"融合"与"应用":以"工业互联网"技术为轴,"云—边—端"协同控制方式为体,串联并承载了"5G"与"人工智能"。智能化、自动化与信息化交叉融合是物联网、互联网和移动通信网的"三网融合"、工业化与信息化"两化融合"以及"云网融合"在智能制造、智慧城市、智慧农业等领域深度应用的必备一环。

二是实践性强,在物联网的学习中,书中给读者开通了云账号,读者可以在云端实际了解物联网数据中台,掌握如何建设子账号等知识。将实际操作融汇于书本中,这样的教材编写方式值得学习和推广。

最后,希望这本务实、创新的书能够给各个领域的读者一些新的思路,为我国数字人才的培养做出贡献,助力我国数字经济高质量发展。

姚建铨

中国科学院院士

天津大学教授

2022年9月13日

目　录

前言 ▶▶▶

5G、人工智能和工业互联网是我国"十四五"规划中重点发展方向。工业化与信息化深度融合，基于5G工业互联网的智能工业控制系统是最佳解决方案之一。为实现《中国制造2025》规划，需以人才为本，加快培养制造业发展急需的专业技术人才[1]。我国相关领域的教学存在专业理论课程内容陈旧、理论与实践课程连贯性不足、教学方法单一、实验设备落后等问题。建设5G、人工智能、工业互联网综合实践教学平台，能够为研究交叉学科创新实践平台建设方法，探索5G、人工智能、工业互联网人才培养体系提供重要参考。本书以具有5G通信功能的边缘控制器为核心，综合考虑了5G通信技术、工业互联网技术、人工智能技术在自动控制领域综合应用，借助数据中台技术，将边缘端传统工业控制领域可编程逻辑控制器实践，与云端人工智能算法进行融合，实现两化融合边云协同控制实践。提供智慧楼宇、过程控制等典型应用场景，以此为具体案例将理论知识联系实际应用。结合基于人工智能的云计算、智能优化控制、模式识别等技术，开展5G+智能控制综合实践，培养解决复杂工程问题的能力。

1.1 5G、人工智能与工业互联网技术之间的关系

第五代移动通信技术，通常被称为 5G，是一种允许人、机器和其他物体相互连接的网络架构。它代表了新一代的宽带移动通信技术，具有高速度、低延迟和连接广阔的特点。国际电信联盟（ITU）提出了 5G 网络的三个主要应用场景：增强型移动宽带（eMBB）、超可靠低延迟通信（uRLLC）和大规模机器式通信（mMTC）[2]。而正是 5G 通信技术的这些特点，为人类计划了多年的"万物互联"提供了成为现实的可能。

如果将工业互联网比作信息的"公路"，各种传感器、终端设备等多源、异构、海量数据犹如各种车辆按照"公路"规定的通行标准汇集而来；5G 技术就是这条公路的建设标准，提供了更宽的道路支持更大流量，将普通道路提升为高速公路；多源、异构、海量数据需要数据处理系统更加"柔性"，对数据清洗、处理、融合等技术的要求更高，已经远超人类处理的能力范围，人工智能技术则替代人类成为实时指挥交通的大脑，实时分析并安排好每辆汽车的去向。工业互联网技术是 5G、人工智能与实体经济深度融合的应用模式，5G、人工智能是支持工业互联网快速发展的基础设施。

1.2 培养目标

根据国家"十四五"规划发展要求，为加快 5G 网络规模化部署、构建基于 5G 的应用场景和产业生态[3]、聚焦人工智能关键算法、实施"上云用数赋智"行动，推动数据赋能全产业链协同转型，需要大力培养相关专业人才。

本课程培养德、智、体等方面全面发展，掌握数学等相关自然科学基础知识以及 5G+ 人工智能相关的计算机、网络、传感和软件工程方面的基本理论、基本知识、基本技能和基本方法，具有较强的网络系统集成与应用开发能力，能够在工业生产、商贸流通、民生服务等领域中从事 5G 工业互联网相关技术的研发及网络系统分析、设计、开发、管理与维护等工作的专门工程技术人才。

1.3 课程体系

本课程基础知识涉及电路理论、通信原理以及高级语言程序设计，通过学习 5G 技术基本知识、组网技术并依托教具进行实践，理解基于 MQTT 传输方式的工业互联网通信协议如何依托 5G 网络实现，建立起云端与边缘端的通信渠道；边缘端控制器采用工业应用广泛的可编程逻辑控制器（Programmable Logic Controller，PLC）[4]，通过配置 PLC 的 5G 连接，能够将传感器数据上传至云端，并接收云端下发的指令，实现边

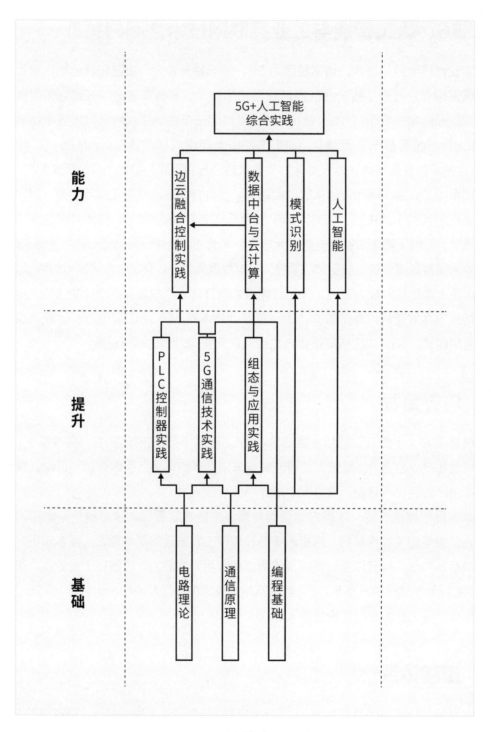

课程体系

缘端基本控制功能；云组态系统主要实现数据、状态的显示、处理，根据控制策略进行指令的下发；数据中台是云组态系统与边缘端的通信的桥梁，提供基本的数据服务，将边缘端数据上传至云组态系统，接收控制信号发送给边缘端，为复杂云计算、模式识别、人工智能算法提供数据接口。PLC、数据中台和云组态可实现边云融合控制，在云端加入智能算法，则可模拟融合 5G 与人工智能技术的工业互联网场景。

2

5G 通信 ▶▶▶

　　本章使学生了解大规模 MIMO 的基本工作原理，熟悉弗里斯传输公式，掌握它的应用场合。掌握 5G 核心网 UPF 网元的功能、分流技术和部署方式。掌握切片技术和移动边缘计算（MEC）。进行 5G 通信技术实践，通过 5G 网络配置 IOT 数据中台实验。

2.1 大规模 MIMO 的详细介绍

输入输出技术 MIMO 是 Multiple Input Multiple Output 的缩写，它指的是一种通过在每端多个的天线来发射和接收信号，从而提高通信质量的技术[1]。这种技术在发送方和接收方两端都采用多根天线。由于它能够充分利用空间资源，通过多根天线实现多路传输和接收，它被广泛认为是下一代移动通信的核心技术。这是由于它可以在不增加频谱资源或天线发射功率的情况下成倍增加系统的信道容量。

大规模 MIMO，即 Massive MIMO(Massive Multiple Input Multiple Output) 是 5G 时代的一项重要支撑技术，即大规模输入输出，通常简称为 mMIMO。众所周知，每项技术的实现均需要由硬件来进行支撑，支撑 mMIMO 实现的硬件设施即为在基站侧配置更大规模的天线阵列。故业内也将 mMIMO 称之为大规模天线。

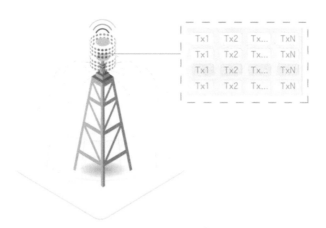

大规模输入输出基站

mMIMO 并不是一项全新的创新技术，而是对在 4G 时代广泛应用的 MIMO 方法的改进。mMIMO 与 4G MIMO 技术的最大 8 天线不同，它能在 5G 中实现 16/32/64/128 天线，甚至更多。所以将 mMIMO 称之为大规模 MIMO[2]。

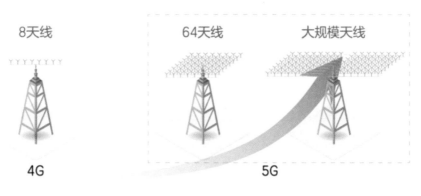

各类输入输出基站对比

2.1.1 弗里斯传输公式

弗里斯传输公式（又称之为功率传输方程），是一个非常重要的天线理论公式，它可以将传输功率、天线增益、距离、波长与接收功率联系起来，用于计算第 n 个天线到 (n+1) 个天线的接收功率[3]。弗里斯传输公式及公式中所包含的物理量的含义可见下图。

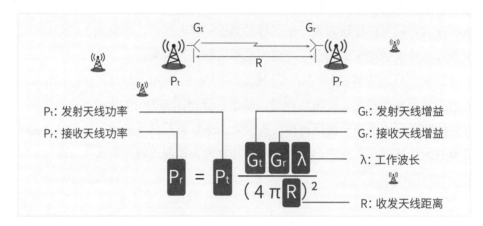

弗里斯传输公式及式中物理量含义

根据图中弗里斯传输公式中所示的各个物理量之间的关系，可以得到图中的 5 种提升天线接收功率的方式。

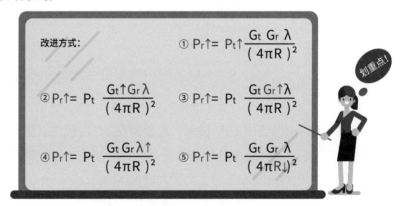

五种提升天线接收功率的方式

由于功放技术的极限限制、国家无线管委会的规定等原则，不能无限增大发射功率 P_t。同时由于受制于材料和物理规律，现阶段也无法达到无限提高天线的增益 G_t、G_r[4]。若想通过缩短距离 R 来对传输效率进行提升，就意味着需要增加基站的数量，必将增加运营商的运营成本。以增加波长 λ 的方式提升传输效率，就需要使用低频段的信号，5G 传输对于宽带的需求量较大，由于低频频段的资源有限，通常大部分 5G 网络均部署在高频频段[5]。

所以，以上方式在实际生产运营的过程中都不能非常便利地满足提升传输效率的需求。

波束赋形，也被称为空域滤波，是大规模多输入多输出（mMIMO）系统的重要组成部分。它是利用传感阵列进行定向发射与接收的一种信号处理技术。波束赋形技术是通过对相位阵的基础单元进行参数的调节，从而使某些角度的信号得到相长干涉，而在其他一些角度上则可以得到相消干涉。波束赋形可以应用在信号的发送和接收的两个端口。波束赋形技术的硬件支撑可以由大规模天线阵列提供，两者相辅相成。更简单地说，我们可以将 mMIMO 看作是大量天线的波束赋形。

波束赋形是一种根据具体情况自适应地调节天线阵列的辐射图，从而使它更适合在特定环境中使用的技术。传统的单天线通信方式实际上是基站和手机之间的单天线向单天线的电磁波传播。在同一时间内，在同一频率上能够服务的用户数目是有限的。这是因为在物理上不可能调整天线的辐射方向。[6] 而波束赋形技术则是利用基站端的多个天线来实现对各天线发射信号的相位自动调整，从而在接收端实现有效的电磁波叠加，产生更强的信号增益。这有助于克服损耗并提高接收信号强度。波束赋形和单天线通信的区别在于，单天线通信侧重区域覆盖，而波束赋形则是智能点对点传输，并且还能根据目标个数去调整使用的天线数量。

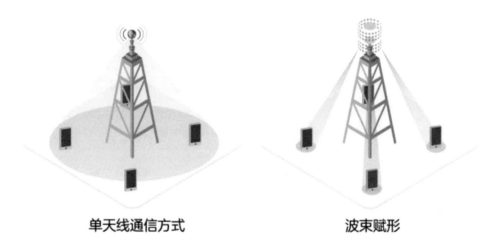

单天线通信方式　　　　　　　　**波束赋形**

单天线通信方式与波束赋形对比图

随着天线数量和规模的增加，波束赋形的效果将会更加显著。

在 5G 时代，波束赋形已经演变成一种被称为 3D 波束成形的三维多面体方法[7]。这种技术使用户能够在水平和垂直平面上对天线方向图的形状进行控制。尽管用户的位置很分散，基站还是能够锁定特定的用户。3D 波束赋形可以使天线发射信号的方向根据目标进行移动，保证信号的传输效果能够达到最优状态。

综上所述，5G 通信时代下的 mMIMO 通过大规模天线阵列在发送端和接收端将越来越多的天线聚合进越来越密集的数组，3D 波束赋形将每个信号引导至终端接收器的最佳路径上，增强信号强度，避免信号干扰[8]。大规模天线阵列及 3D 波束赋形共同实现 5G 通信技术的进步。

在这之后，我们对 Friis 传输公式做了新的分析。因此，带波束赋形的 mMIMO 是一种可以"塑造"天线波束的方法，以增加发射天线增益 G_t，这反过来可以"提高"接收信号强度 P_r[9]。

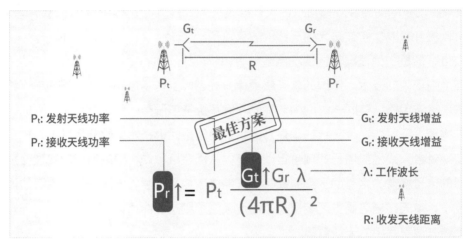

提高接收信号强度 P_r 的最佳方式

2.1.2 mMIMO 优点

5G 时代拥有高速的移动数据速率和巨大的通道容量，使得 mMIMO 的优点比以前更加明显。为了提高终端接收到的信号功率，它使用了精度更高的三维波整形。由于多个波束的聚焦区域很小，用户可能已经处于最佳的信号区域。

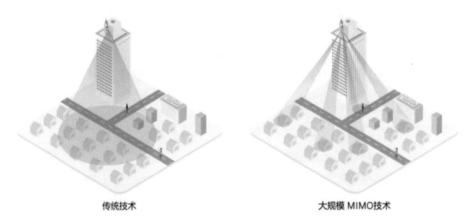

传统技术信号覆盖与 mMIMO 信号精准覆盖对比

从研究结果可以看出，通过使用相同的频率满足更多的用户，mMIMO 具有提高网络容量的潜力。当用户能够在覆盖空间中构建自己独立的窄波束覆盖时，系统吞吐量可提高十倍，网络容量可提高数百倍。这得益于天线系统能够同时从多个用户传输数据。

mMIMO 独立窄波束覆盖

　　mMIMO 技术的天线波束非常窄，可以为用户提供精确的覆盖，减少对相邻区域[10]的干扰。另外，传统技术的信号是向四面八方传播的，这就导致了在不同信号发射器的共同覆盖区域产生干扰。从下图可以看出，当信号可以向各个方向传播，而干扰只能向特定的一个方向传播，这时不会产生干扰。

信号全方向传播，发生干扰

信号只向特定方向传播，无干扰

传统技术信号干扰与 mMIMO 信号精准传播对比

　　mMIMO 技术不仅能够更好地覆盖远、近端区域，同时波束在水平和垂直方向上的自由度可以带来连续覆盖上的灵活性与性能优势，能够更好地覆盖信号区域边缘以及天线下近区域[11]。

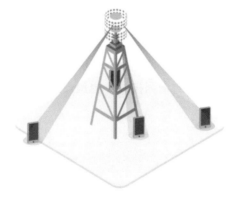

天线下近区域及信号覆盖边缘区域的信号发射示意图

2.1.3 应用场合

mMIMO 非常适用于重点区域多用户场景，例如，演唱会、聚会、球场[12]，在传统技术的信号覆盖下，打电话和上网都变得十分困难，这就是由于信号范围内用户过多造成的。而 mMIMO 的精确波束赋形和独立波束覆盖，不仅能提升容量，还能显著提升用户体验。电话和上网的情况均不会受到人数多与少的影响。

演唱会场景

由于典型基站的垂直覆盖范围有限，为了满足高覆盖 / 低覆盖场景的要求，可能需要安装大量的天线。这些场景涉及大量分散在多个级别的用户。使用 mMIMO 的 3D 波束赋形，可以实现增加水平和垂直覆盖范围。与室内专用网络最初的覆盖范围相比，mMIMO 能够更大程度地覆盖高层空间，从而解决了高层空间的覆盖问题。

高 / 低层信号覆盖场景

MIMO 不仅是现有 4G 网络的增强技术，更是 5G 网络实现容量和频谱效率提升的核心技术[13]。

2.2 UPF 核心技术介绍

5G 核心网 UPF 网元。首先介绍 UPF 的演进历史和 3GPP 在标准层面对 UPF 的功能要求及接口设计；然后将结合不同业务场景对时延、带宽、可靠性等差异化的需求，介绍 UPF 在边缘计算中的分流技术及部署方式。

5G 变革了社会，为各行各业提供了更高的用户体验。有一个好的用户界面是必要的。因为 UPF 是骨干网络的重要组成部分，所以它的质量必须达到运营商的标准。

由于跨 5G 网络处理和转发数据是该技术的核心，UPF 最终将从"核心"走向工业用户的园区是很自然的。UPF 应实现大规模部署与更靠近客户端的点—面部署相结合，满足客户的期望，作为必不可少的网络节点服务于各行业，促进 5G 与各行业融合。这将使 UPF 满足客户的期望，从而使得 5G 为千行百业提供服务。

UPF 的下沉要求传输网络与 IP 载体网络的联合支撑，同时也是边缘云的进一步下沉。边缘 UPF 不仅需要与运营商的通信网络云进行交互，还需要与运营商的 IT 云和第三方托管的公有云进行交互，以有效提升云网络集成能力和云边缘协作能力。这样做是必要的。

目前，无论是服务化功能，还是连接 UPF 和 SMF 的 N4 接口，都没有完成开发。这就是为什么中国移动提出了 OpenUPF 合作伙伴计划，从开放接口、设备、服务和智能四个角度定义 OpenUPF，增强网络能力和业务灵活性，促进 5G 跨行业融合和公共利益。

UPF (User Plane Function)，通常被称为用户平面，是 3GPP 5G 核心网络体系结构中必不可少的组成部分。在 5G 网络中，数据包的路由和转发主要由核心网承担。5G 网络边缘计算和网络切片强烈依赖于 UPF[14] 来实现低延迟和高吞吐量的目标。在本文中，我们概述了 5G 核心网络体系所使用的 UPF。首先，本文概述了 UPF 的创建以及 3GPP 为 UPF 定义的标准级功能需求和接口设计。其次，讨论了 UPF 的未来及其意义。然后，根据不同服务条件的不同需求，包括对延迟、带宽和可靠性的要求，提供边缘计算中的 UPF 分流技术和部署方式。

2.2.1 UPF 背景介绍

在数据平面中开发 CUPS(控制和用户平面分离) 策略的下一个阶段是用户平面功能 (User Plane Function，简称 UPF) 的实现。

3GPP 最初于 2016 年在第 14 版标准中引入了 CUPS 策略，作为 4G 核心网（EPC）的一个补充。这是通过将分组网关（PGW）和业务网关（SGW）分为不同的控制平面（PGW-C 和 SGW-C）和用户平面组件（PGW-U 和 SGW-U）来实现的。除了提高流量转发的适应性外，分散的 PGW-U 部署使位于网络外围的设备有可能处理数据包和聚合流量。这导致了带宽利用率的提高，同时减少了对网络核心的压力。

CUPS 策略允许核心网用户面的下沉，能够支撑对大带宽和低时延有强烈需求的业务场景。但 CUPS 的设计本身对 4G EPC 演进力度大，虽然用户平面得以分离下沉，但与核心网其他功能实体间的交互环节仍存在巨大的限制。随着 5G 摒弃了传统设备功能实体的设计，核心网白盒化和虚拟化，采用了基于服务的软件架构 (SBA，Service Based Architectures) 微服务的设计理念，CUPS 策略中拆分出的用户面网络功能也逐步演进为目前 5G 核心网架构中的 UPF 网元。演进历程如下图所示。

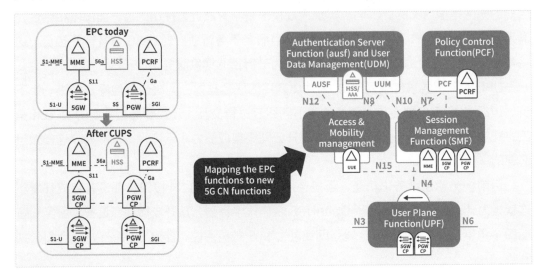

UPF 的演进历程（2017 年）

UPF 涵盖了 CUPS 策略后 SGW-U 和 PGW-U 的职能，主要用于流量的传输，并通过北向接口 (N4) 接收转发策略类的控制信息。此外，4G EPC 中鉴权、会话控制、用户数据管理等功能也逐步演变为了 5G 核心网中负责控制面的网元。

2.2.2 UPF 功能简介

用户平面功能（UPF）是 5GC 网络的一个重要组成部分，负责促进用户设备（UE）服务数据的传输，以及该数据的识别和分类、相关行动和策略的执行等。为了按照 SMF 发布的不同规则进行业务流处理，UPF 通过 N4 接口与 SMF 进行通信，并由 SMF 直接控制和管理[15]。它按照 SMF 的既定规则处理服务流，并受 SMF 的直接监督和管理。以下是本文中 UPF 的主要用途，由 3GPP TS 23.501 V16.7.0 定义：

◆ 在无线接入网和数据网络（DN，数据网络）之间进行用户平面的 GTP 隧道协议封装和解封装的点（GTP-U，用户平面的 GPRS 隧道协议）；

◆ PDU（或协议数据单元会话锚点）允许无线接入的灵活性；

◆ 作为上行链路分类器（UL-CL，Uplink Classifier）或分支点 UPF，中间 UPF（I-UPF）在 5G 系统解决的数据包路由和本地分割（分支点 UPF）中起着关键作用。

除上述功能外，UPF 还有应用程序监测、数据流 QoS 处理、流量使用情况报告、

IP 管理、移动性适配、策略控制和计费等功能，可参考 3GPP TS 23.501 规范。除了网络功能性需求外，UPF 还要考虑数据安全性、物理环境需求和部署功耗等指标。

UPF 接口设计

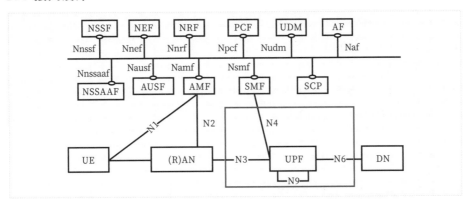

UPF 部分接口示意图

UPF 作为移动网络和数据网络 (DN，Data Network) 的连接点，重要接口包括 N3、N4、N6、N9、N19、Gi/SGi、S5/S8-U、S1-U 等。以 N 开头是 UPF 与 5G 核心网控制面网元或者外部网络交互的接口，如上图所示。其余部分接口可满足对现网已有网络设施的兼容，UPF 在 5G 组网建设中仍需兼容现网已有的网络设施，实际部署中 UPF 将整合 SGW-U 和 PGW-U 的职能，兼容已有的核心网络，物理层面将会存在 UPF + PGW-U 的融合网元。

◆ 为了在 NG RAN 和 UPF 之间建立用户数据隧道，使用了 N3 接口。

◆ 为了连接 SMF 和 UPF，使用了 N4 接口。PFCP 协议被用来在节点之间和会话之间传输信息，而 GTP-U 协议被用来在 SMF 和 UPF 之间发送和接收信息。

◆ UPF 通过 N6 接口连接到外部的 DN。在某些情况下，N6 接口需要专线或 L2/L3 层隧道能力来连接基于 IP 的 DN 网络（例如，企业特定的 MEC 接入）。

◆ 当 I-UPF 部署在移动情况下，它位于 UE 和 PSA UPF 之间，转发流量，N9 接口用于通过 GTP-U 协议在两个 UPF 之间发送用户面信息。

◆ N19 接口是使用 5G LAN 业务时，两个 PSA UPF 之间的用户面接口，在不使用 N6 接口的情况下直接路由不同 PDU 会话之间的流量，如下图所示。

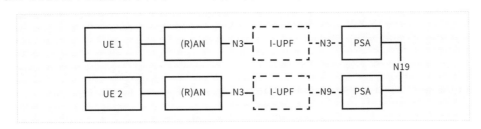

5G LAN N19 接口

Gi 接口是 2/3G 接入用户通过 GGSN 和外部 DN 之间的接口；SGi 接口是 PGW-U 和外部 DN 之间的接口，需要支持 IPv6/IPv4 双栈和 IPSEC，L2TP 和 GRE 等隧道协议。

S5/S8-U 接口是融合网元 UPF/PGW-U 和 SGW-U 之间的用户面接口。S5-U 接口是网络内部 SGW 和 PGW-U 间的接口，提供用户移动过程中连接跨区域 SGW 并传输数据的功能。S8-U 是跨 PLMN 的 SGW-U 和 PGW-U 之间的用户面接口，应具备漫游情况下的 S5-U 接口功能。

S1-U 接口是 eNodeB 和 SGW-U 之间的接口，采用 GTP-U 协议在 eNodeB 和 SGW-U 之间进行用户数据的隧道传输。

2.2.3 UPF 分流技术

在利用多接入边缘计算发送到外部网络之前，来自内部网络的每一比特信息都必须先经过 UPF（5G）。大规模多接入通信，通常被称为 mEC，是 5G 服务实现的决定性特征之一。由于 5GC 的 C/U 分裂架构，网络数据处理的效率得到提高，垂直行业对超低延迟、超高带宽和安全的要求得到满足。这是由于控制面 NF 被集中部署在中央 DC，而 UPF 被部署到网络边缘[16]。

用户优先功能（UPF）有必要将用户数据流重定向到 MEC 平台，以实现网络和服务的深度融合和现场应用。这样做是实现 5G 边缘计算的商业部署过程中必要的第一步。

在建立会话连接时，5G 客户将选择中心 UPF（关于中心 UPF 的更多信息，详见 4.1），而在访问 MEC 应用时，他们将选择或插入边缘 UPF。这将有助于最大限度地减少由大量用户引起的性能瓶颈。在边缘安装 5GC 的基本策略被称为上行链路分类器（UL CL）方案、IPv6 多宿主方案、局域数据网络（LADN）和数据网络名称（DNN）方案[17]。IPv6 多重归属方案是针对单 PDU 会话的本地分流，具有网络侧用户数据分流功能，而 DNN 和 LADN 是针对多 PDU 会话的本地分流，具有终端用户数据分流功能。

UL CL 方案

UL CL 方法可分别针对 IPv4、IPv6 和 IPv4v6 PDU 会话实施。SMF 能够从会话的数据路由中插入或删除一个或多个 UL CL[18]，可以是在用户启动 PDU 会话的过程中，也可以是在用户完成这一过程后。来自链路上的锚定 UPF 的下行链路服务流被合并到 5G 终端中[19]。这是以类似于路由表所发挥的功能的方式完成的，并且是基于 SMF 提供的流量检测和流量转发规则。

UE 不感知 UL CL 的分流，不参与 UL CL 的插入和删除。UE 将网络分配的单一 IPv4 地址或者单一 IP 前缀或者两者关联到该 PDU 会话。

下图展示了一个 PDU 会话拥有两个锚点的场景。UL CL 插在 N3 口终结点的 UPF 上，锚点 1 和锚点 2 终结 N6 接口，上行分类器 UPF 和锚点 UPF 之间通过 N9 接口传输。

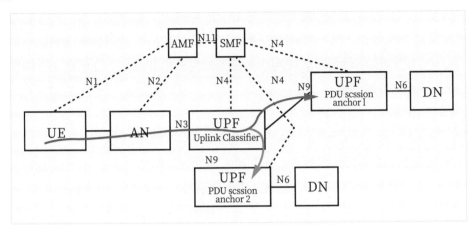

UL CL 方案

基于不同的触发条件，UL CL 方案可以分为以下几种：

在涉及特定位置的 UL CL 方案中，SMF 从 AMF 接收用户的位置信息，一旦用户进入 MEC 区域，SMF 的分流策略就会使用该信息来启动 UL CL 插入程序。这种类型的场景被称为位置感知的 UL CL 场景。与 LADN 方案类似，UL CL 在用户到达预定地点时被激活。UL CL 的激活标准是简单和基本的，使得它们在包括公共访问的 MEC 用例中容易实现。这可能会导致过载，因为边缘 UPF 将被 MEC 境内的所有用户访问，无论这些用户是否利用 MEC 提供服务。

PCF 用于设计 UL CL 场景中的分流策略，包括位置和用户注册，用户需要在 PCF 上注册，以便使用 MEC 的服务。此外，PCF 还被用来存储用户信息。位置和用户合同触发 UL CL 的概念可用于限制 MEC 区域内所有用户使用边缘 UPF 资源。这样做可以区分存在于 MEC 区域的用户群。当用户进入 MEC 区域时，AMF 将通过 SMF 向 PCF 传达用户位置信息。然后 PCF 将根据所报告的用户位置信息以及合同信息启动 UL CL 插入流程。

基于位置和应用检测 UL CL 方案的分流政策，以及与应用有关的信息，都将被放在 PCF 中。PCF 也是应用相关信息将被设置的地方（五元组信息，应用 URL）。如果一个用户移动到 MEC 区域并开始使用一个有特殊过滤器的应用程序，UPF 将注意到这一点，并通过 SMF 提醒 PCF，用户正在使用该应用程序，因为它有一个特殊的过滤器。PCF 将用户位置数据与应用流的检测结果相结合，以启动 UL CL 插入流[20]。位置和应用检测 UL CL 方案有一个缺点，即它没有一个合适的 UL CL 删除触发机制。这种机制可以在应用层面上对流媒体政策的粒度进行更严格的控制，因此是该方案的一个缺点。

MEC/APP 是建立开放的 UL CL 系统的分歧政策的地点。每当用户进入 MEC 区域时，AMF 将利用 NEF 来通知 MEC/APP 用户的当前位置。MEC/APP 通过 N5/N33 接口与 PCF/NEF 接口，以提供分流策略信息。PCF 采用用户位置数据和应用流检测结果的组合来触发 UL CL 插入操作。能力开放的 UL CL 与应用的耦合度很高，而且它可以根据业务需求动态地触发 UL CL 策略[21]。即使能力开放接口的调用请求需要提供用户身份（5GC 分配的专网 IP 地址），应用也需要感知用户位置信息，这也是由于能力开放 UL CL 存在一定的发展门槛。

IPv6 Multi-homing 方案

IPv6 多归属 (Multi-homing) 方案只能应用于 IPv6 类型的 PDU 会话。

当用户设备装置（UE）想要建立一个 IPv6 或 IPv4v6 PDU 会话时，UE 会向网络传达网络是否支持 IPv6 多主机 PDU 会话。在实际实施中，网络将为终端分配几个 IPv6 前缀地址，并为不同的服务使用不同的 IPv6 前缀地址。这样做是为了使远方的服务可以使用一个 IP 地址，本地的 MEC 服务可以使用另一个，并且流量可以在分支点分离。此外，网络将为终端分配几个 IPv6 前缀地址。

在 SMF 的帮助下，在 PDU 会话构建之前、期间或之后的任何时间点，多归属会话分支点都可以被纳入或从 PDU 会话的数据流中抽离。在多重归属方案中，一个 PDU 会话可能与多个 IPv6 前缀相关。分支点 UPF 将根据 SMF 发布的过滤规则，将不同 IPv6 前缀的上游业务流转发到不同的 PDU 会话锚点 UPF。这将通过在进入数据网络前检查数据包源 IP 地址，并从链路上转发各种 PDU 会话来实现。IPv6 多宿主分流过程如下图所示。

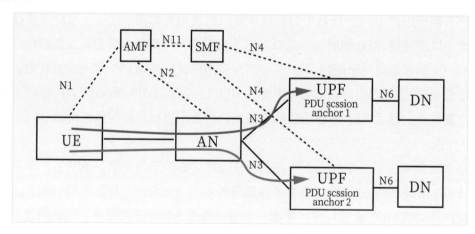

IPv6 Multi-homing 方案

DNN 方案

在数据网络名称（DNN）方案中，终端需要配置一个专用 DNN，并在核心网的统一数据管理（UDM）功能之上签署一个专用 DNN。然后用户通过专用 DNN 发起会话建立请求，当 SMF 选择 UPF 时，根据 5G 终端提供的专用 DNN 和所在的 TA 选择目的边缘 UPF。然后，MEC 平台与终端对接 SMF 启动边缘 PDU 会话，然后最终获得对与边缘 UPF 对接的 MEC 平台的访问[22]。UPF 的选择取决于 5G 终端给出的专用 DNN，以及 TA 的位置。

由于 DNN 方案需要较少的终端和网络，因此在 5G 商业化进程的早期可能会选择它。这将使 MEC 服务更快上线。然而，随着 5G 服务的到来，如果每个 MEC 客户被分配到一个独特的 DNN，那么核心网络设备的数量将面临巨大的挑战，尤其是 UPF 对 DNN 的支持将是一个巨大的挑战。

LADN 方案

用户在 LADN DNN 上注册账户，AMF 的配置反映了 LADN 架构中 LADN 服务区（TA）和 LADN DNN 之间存在的关系。5G 终端对 LADN 数据的获取是通过终端在网络核心（如 LADN 服务区和 LADN DNN）的注册而实现的。当一个新用户加入网络时，他们的 LADN 和 DNN 数据被检索（从主网）。如果 AMF 发现 5G 终端出现在这个 LADN 区域，并且请求的 DNN 在 AMF 中被设置为 LADN DNN，则 SMF 通过选择适当的本地边缘 UPF 建立本地 PDU 会话以实现本地网络接入和本地应用接入。当 5G 终端进入 LADN 服务区时，它将请求为这个 LADN DNN 启动一个 PDU 会话。此时，一个 5G 用户有能力拥有两个不同的 PDU 会话，即互联网会话和 LADN 会话，如下图所示。

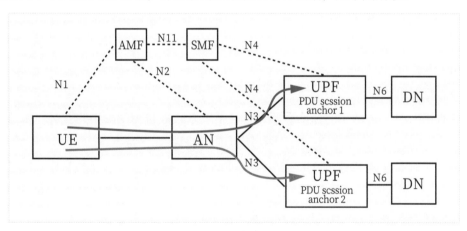

LADN 方案

AMF 监测终端的位置数据，并通知 SMF 该终端与 LADN 服务区有关的状态。终端的状态可能是"在服务区""不在服务区"或"不确定在服务区"。如果用户位于网络覆盖范围之外的地区，则无法连接到 LADN。当 LADN 被用于边缘计算流量分流时，通常的做法是 LADN TA 和边缘计算服务区相匹配。这是因为边缘计算流量分流依赖于 LADN。

LADN 只在非漫游情况下使用，或在本地业务分流的漫游情况下使用。用户使用 LADN 会话连接到 MEC 服务，而使用互联网会话连接到所有其他服务，用于在现实世界进行的部署。

◎**小结**

UL CL 方案是 5G 网络的主要应用，它被用来将服务流转移到 MEC 平台。商业综合体、博物馆、体育场馆和酒店的公共用户可以使用移动终端来访问 MEC 服务，如视频直播和云游戏[23]。

物联网（IoT）和高可靠性的专用网络是受益于 IPv6 多址方案的两个用例；然而，IPv6 的普及使它在实践中更加复杂。

支持 UE 路由选择策略（URSP）以配置 LADN DNN 和将应用流连接到 LADN DNN 是 LADN 和其他与 5G 相关的进展给终端带来的新功能需求的两个例子。URSP 是指用户设备路由选择策略。根据一项产业链研究，5G 核心网设备支持 LADN 能力；但是，终端对这一功能的支持取决于商业需求；因此，端到端的 LADN 解决方案的建立需要一定的时间才能被视为成熟。

2.2.4 UPF 部署方式

当涉及延迟、带宽、可靠性和其他因素时，UPF 的实际部署需要具有灵活性，以满足各种业务场景所带来的不同需求。典型的部署环境可分为以下几类：中心、区域、边缘和企业园区[24]。

中心级 UPF

中心级 UPF，适用于时延不敏感，吞吐量需求较高且相对集中的业务，如普通互联网访问、VoNR、NB-IoT 等业务，中心级 UPF 需具备如下特点。

◆ 一是满足 ToC 网络的 2G/3G/4G/5G/Fixed 全融合接入[25]、报文识别、内容计费等功能需求。在实际网络部署中，在一定时间内会存在多种接入网络并存的情况，UPF 须同时支持多种无线接入，满足全融合接入需求；当用户跨接入网络移动时，实现相同会话 IP 地址不变，保证业务连续性。

◆ 二是具备虚拟运营商网络共享能力，通过网络切片、网关核心网络 (GWCN，GateWay Core Network) 等网络技术，支持多 UPF 实例、多租户、分权分域运维，满足不同虚拟运营商的差异化业务需求。

◆ 三是针对集中建设带来的高带宽转发能力要求，可通过扩展计算资源规模叠加单根 I/O 虚拟化 (SR-IOV，Single Root I/O Virtualization) + 矢量转发技术来提升转发效率，或者采用基于智能网卡的异构硬件来实现转发能力提升。

◆ 四是提供面向 N6/Gi/SGi 接口流量的安全防护以及网络地址转换 (NAT，Network Address Transform) 功能，可以选用外置硬件防火墙、虚拟化防火墙以及

UPF 内置防火墙功能等方式进行部署。其中防火墙以及 NAT 作为 UPF 的业务功能组件存在，提升集成度，降低部署成本。

区域级 UPF

用户面业务，包括互联网接入、音频/视频和本地企业业务，通常由区域级 UPF 承载，通常在当地市级区域内实施。由于区域级 UPF 实现了用户面的下沉部署，数据流量回程对承载网的传输负担可以得到缓解。也可实现本地数据业务下沉，降低业务时延。较为典型的应用场景为大视频业务，为了提升用户体验，需要在各地市部署区域 UPF，就近接入本地视频业务服务端，还可以通过在区域数据中心联合部署 UPF 和 CDN/Cache 节点的方式来缩短传输路径。

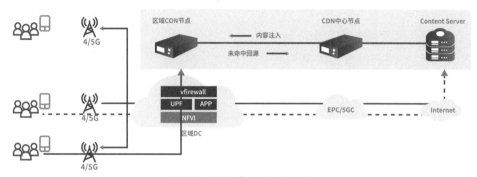

区域级 UPF 本地分流方案

区域级 UPF 部署带来了运维管理方面的复杂度，存在集中运维管理的需求，可以通过网元管理系统 (EMS，Element Management System) 拉远的方式来接入区域级 UPF 或者通过扩展 N4/Sx 接口的方式来实现配置下发以及运维数据上报，考虑到未来对 N4/Sx 接口解耦的需要，目前业界更倾向于前者的实现方式。

边缘级 UPF

边缘级 UPF 通常放置在区县等郊区，处理那些带宽非常密集、延迟敏感和数据敏感的服务。需要本地处理的数据流可以在本地进行转发和路由，以防止流量分流，减少数据转发时间，并通过将 UPF 下沉到移动边缘节点，根据数据网络身份（DNN）或 IP 地址等识别用户，提高用户体验。下图描述了边缘服务分流情况。

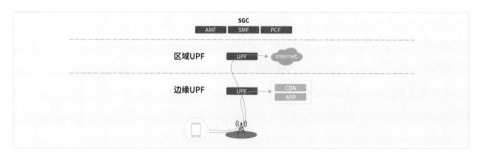

边缘业务分流场景

使用到的分流策略分为以下几种，其中网元级和会话级分流已在前面章节中说明：

网络级分流	网元级分流	会话级分流
通过设置不同的PLMN或NSSAI，用以区分专网或不同切片下的用户和流量，实现网络级分流；	在同一网络/切片中，可通过服务区、负荷、DNN、DNAI等在SMF/UPF网元选择过程中建立不同的会话实现分流，此外可采用服务于特定区域的LADN分流；	在同一会话中，根据不同的锚点及分流策略在数据转发路径上进行UL CL/Multihoming分流。

分流策略

在日常运行和维护过程中，EMS 可用于集中的配置分配和运行维护管理。这使得在边缘部署和运行 UPF 得以实现，并且不需要人工参与（由于硬件和软件的预安装以及自动纳米管理和自动配置分配）。

在将边缘级 UPF 部署到中央 SMF 的过程中，有必要考虑 N4 接口的安全性，这通常是通过将 N4 接口划分到不同的网络平面或通过实施防火墙 /IPSEC 以加强安全策略来实现的。

企业级 UPF

工业控制的效率从企业 UPF 的极高带宽、极低延迟和极稳定的连接中得到提升，而生产数据可在校园内安全终止，与通过公共网络发送的数据分开。

行业应用和工业环境与公众网有很大的不同，企业级 UPF 除了满足基本的流量转发、本地分流以外，还需要重点满足以下要求：

基于 5G LAN 实现的私网接入和管理能力。通过 UPF 内的本地交换和 UPF 间的 N19 隧道技术，构建企业专属的"局域网"。

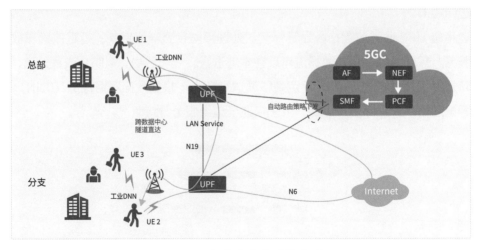

5G LAN 企业跨分支通信应用

基于时间敏感网络 (TSN，Time Sensitive Networking) 技术，通过对传输时延和抖动的控制，实现确定性网络。针对 TSN 场景，增强支持高精度时钟，以及在高精度时钟管理下的报文排队和调度机制；UPF 下沉到企业现场，实现纳秒级授时精度、毫秒级端到端时延和 99.9999% 的可靠性。

基于 uRLLC 技术的超高传输可靠性。通过在 N3/N9 接口建立双 GTP-U 隧道，实现用户面冗余传输；或者建立端到端双 PDU 会话，将相同的报文在两个会话中传输，确保连接的可靠性。

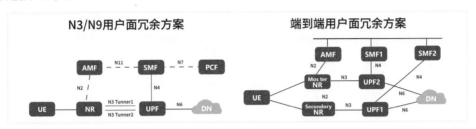

5G uRLLC 多路径超高可靠性传输

企业级 UPF 需要解决初始投资高、设备功能复杂、部署和运营难度大等问题，推出轻量级、简约的 UPF 解决方案，功能更有针对性，可根据场景需求灵活匹配；这种解决方案还需要允许工厂预安装和现场开箱使用，需要支持本地运维和远程运维。

企业级 UPF 通常部署在运营商网络之外，必须考虑到运营商网络和企业网络的双重安全，它需要一些功能，包括反恶意攻击保护、数据加密、反恶意过滤和双向数字认证等。企业 UPF 也需要考虑到企业网络和运营商网络的双重安全。

全场景 UPF 部署

在"5G 新基建"引领下，中国移动为满足分布式建网、集约化运维需求，5G 核心网采用大区制建设方案，提供全场景 UPF。因为 ToC 和 ToB 网络在产业成熟度、网络功能、市场应用上存在较大差异，采用两张网独立建设，UPF 也进行分开建设。为满足业务差异及各行业碎片化需求，UPF 采用分布式多级部署。

中国移动全场景 UPF 说明

ToC UPF 部署在中心级和区域级，兼顾业务时延和传输成本，满足大带宽、低时延需求，从成本和长期演进维度，全部采用 100G 智能网卡加速，配置一步到位，更加契合 5G 长期业务发展需求。

ToB UPF 部署在中心级、区域级、边缘级和企业园区级，ToB UPF 的选型主要考虑四个方面（见下图）。

根据部署的地理位置ToB,UPF划分三级,分为专线UPF、边缘UPF和增强UPF+MEP;	边缘机房除了机房空间、空调制冷和供电受限等硬件参数之外,另外需要考虑安全、时延、覆盖、异局址容灾等各种因素;	UFP分为5G/10G/50G/100G/200G五档模型,ToB网络一般用户规模小,行业可以根据自身诉求灵活选择,节省建网成本,提升资源利用率;	行业定制化需求多、要求数据不出园区、安全隔离度等级高、低成本建网等,可选择极简UPF,在功能上进行精简和定制,单台服务器即可实现一套极简UPF部署,满足小型化、低功耗需求。
部署位置	机房选址	容量需求	业务需求

UPF 选型考虑的四个方面

◎小结

　　UPF 的各级典型部署（中心、区域、边缘、企业园区）对 UPF 的吞吐量、时延、功能、应用场景、形态等需求如下表所示。

部署位置	性能吞吐(bps)	端到端时延	功能集合	应用场景	产品形态
中心级UPF	>200G	>50ms	功能全集	ToB & ToC	专用UPF 云化UPF
区域级UPF	100-200G	>30ms	功能全集	ToB & ToC	专用UPF 云化UPF
边缘级UPF	<100G	10-30ms	边缘分流能力开放 5G LAN	ToB & ToC	专用UPF 云化UPF
企业级UPF	50G	<15ms	功能精简 功能定制增强 工业环境需求	ToB	最简UPF 公有云

专用UPF:指由设备厂家提供专有软硬件、端到端集成交付、部署运维同传统设备的UPF;
云化UPF:指基于NFV云化资源池构建、具备软硬件解释和弹性伸缩云化特性的UPF;
最简UPF:指轻量化的边缘UPF,满足垂直行业的网络专用化、设备轻量化、部署灵活化等诉求。

UPF 部署需求说明

2.3 切片技术

　　若把 4G 网络比作一柄足以削铁如泥、吹毛断发的利刃。而5G 则是一柄灵活、方便、多用途的瑞士军刀。

4G

5G

4G、5G 对比

第四代无线网络，即 4G，其诞生主要是由于智能手机。在 5G 时代，将有一个"下一个大事件"即物联网。物联网将连接源于各种企业的大量设备，每个企业都有自己的需求。也就是说，企业对其网络的移动性，以及安全性、延迟性、可靠性，甚至付费都有各种各样的标准。正因为如此，5G 网络将需要像瑞士军刀一样具有多功能性、用户友好性，并且能够执行多种功能。

举两个例子，用于森林防火的物联网（IoT）应用依赖于分散在森林中的密集的传感器网络，以监测环境条件，如温度、湿度和降水。这些条件可以帮助预测森林火灾开始或蔓延的可能性。因为这些传感器是永久植入的，所以它们不需要像智能手机那样进行移动性管理，智能手机必须修改其设置，更新其位置，等等。根据 NOKIA 进行的一项研究结果，预测构成 5G 网络的大约 70% 的设备将保持固定，而只有 30% 的用户预计将是移动的。

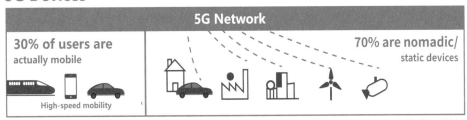

用户比例

5G 的应用需要超低的端到端延迟，这比智能手机无线上网的延迟（通常不超过几毫秒）要短好几个数量级，因此对远程机器人控制和自动驾驶汽车等应用至关重要。

这表明，5G 网络将需要具有适应性，类似于瑞士军刀的方式，以实现广泛应用的目的。我们接下来应该做什么？尽管每个人都在谈论 5G，但电信领域最广泛讨论的新发展被称为 5G 网络切片。网络切片已经被中国移动、韩国的 KT 和 SK 电信、日本的 KDDI 和 NTT，以及包括爱立信、诺基亚和华为在内的一些设备制造商选为 5G 网络的首选架构。

网络切片是什么？简单来说就是把一个物理网络切成若干不同的虚拟端到端网络时，如果在某一个虚拟网络发生故障时，包含在每个单独的虚拟网络中的设备、接入、传输和核心网络与包含在其他虚拟网络中的设备、接入、传输和核心网络在逻辑上是隔离的。就像瑞士军刀上的钳子和锯子一样，每个虚拟网络都有独一无二的功能特点，并被定制以满足特定的需求和提供独一无二的服务。每个虚拟网络就像它自己的小瑞士军刀。这就像你在电脑上安装软件，并将硬盘划分为逻辑部分，命名为 C、D 和 E 一样。

为了更好地理解网络切片，让我们把 5G 网络的用例分为三类：移动宽带、海量的物联网和任务关键型物联网。

5G应用场景	应用举例	需 求
移动宽带	4K/8K超高清视频、全息技术、增强现实/虚拟现实	高容量，视频存储
海量物联网	海量传感器(部署于测量、建筑、农业、物流、智慧城市、家庭等)	大规模连接(2000000/km²)，大部分静止不动
任务关键性物联网	无人驾驶、自动工厂、智能电网等	低时延，高可靠性

应用举例

下图描述了 5G 网络的三种不同用例如何各自有其独特的服务要求：

1）移动宽带

未来的 5G 将面向 4K/8K UHD 视频、全息技术、增强现实和虚拟现实等应用，以及其他类似的应用。快速传输大量数据的能力是促成移动宽带成功的主要因素。

2）海量物联网

众多的传感器在广泛的背景下被投入使用，包括但不限于测量、建筑、农业、物流、智能城市、家庭等。这些传感器设备很普遍，大部分是静止的。

3）任务关键性物联网

物联网的重要用途包括无人驾驶汽车、自动化制造、智能电网和其他类型的基础设施。关键问题是需要高水平的可靠性和低水平的延迟。

智能手机是连接到 4G 网络的主要设备。这与 3G 网络形成鲜明对比，后者必须具备网络切片功能，以适应广泛的使用情况。4G 网络主要满足终端用户的需求，而连接到网络的大多数设备都是智能手机。

4G 网络

在 5G 时代，大量在不同领域运行的各种设备将被连接到网络，网络将面向三种不同类型的应用场景：移动宽带、大规模物联网和关键任务物联网。

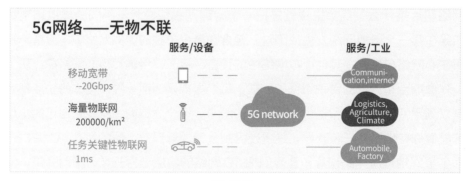

5G 网络

如何切分网络？因为没有必要为每一个可以想象到的应用场景建立一个单独的网络。所以它根本不是这样的。

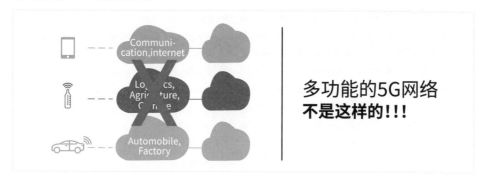

对 5G 的错误理解

将单一的物理网络划分为许多逻辑网络的行为，每个网络都是为了支持不同的应用集合，被称为"网络切片"。

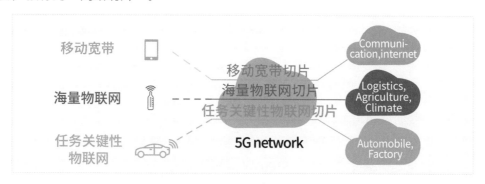

网络切片

在 5G 白皮书中，网络切片的架构参见下图。

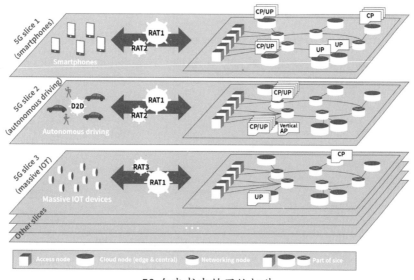

5G 白皮书中的网络切片

我们将如何完成从头到尾的网络切片？这里介绍的信息是比较抽象的，我们如何在实际的网络部署中把它付诸实践？

（1）5G 无线接入网和核心网：网络功能虚拟化

移动电话是目前 4G 网络中使用的主要终端设备。特定的设备被用于网络的无线接入网元素［包含数字单元（DU）和射频单元（RU）］，以及网络的核心网部分。设备供应商是提供设备的人。

如下图所示：

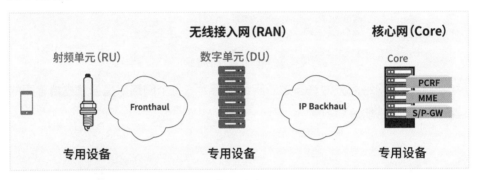

专用设备

为了成功地执行网络切片，首先需要建立网络功能虚拟化，即 NFV。NFV，即网络功能虚拟化，是将网络特定设备（如核心网的 MME、S/P-GW 和 PCRF，无线接入网的数字单元 DU 等）的硬件和软件转移到虚拟主机（VM，虚拟机）的过程[26]。归根结底，NFV 是将网络特定设备（如 MME、S/P-GW 这些虚拟机，通常被称为 VM，是符合行业标准的商业服务器，易于设置，而且价格低廉。它们是建立在商业上可获得的组件上的（COTS）。为了弥补专业网络部件的损失，根据开放标准设计的网络、存储和服务器计算的设备被投入使用。

虚拟化网络的核心网络部分被称为核心云，而无线接入网络部分被称为边缘云。这两个组件共同构成了虚拟化网络。通过使用 SDN，托管在边缘云和核心云内的虚拟机有可能相互连接（软件定义的网络）。

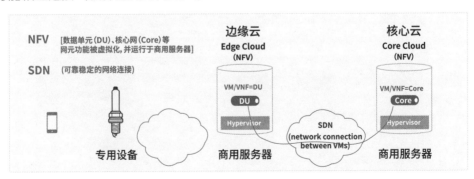

互联互通

正因为如此，NFV 和 SDN 的实施使得网络可以很容易地进行横向切分，将网络切成许多虚拟子网络（片），就像切面包一样。NFV 和 SDN 都是软件定义网络的例子。

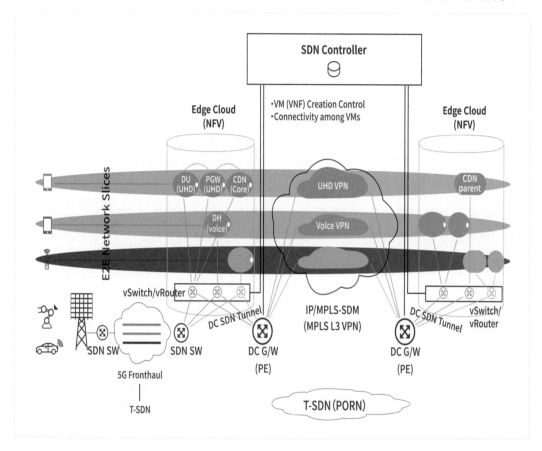

不同应用场景的网络切片

为了支持各种各样的用例，网络被分割成四个不同的部分，被称为"切片"。

高清视频切片：为了能够提供高清视频切片，原始的数字单元，也被称为 DU，以及一些基本的网络功能，连同存储服务器，都被虚拟化并迁移到边缘云。此外，虚拟化网络的中央处理单元的一些功能也被转移到云中。

手机切片：为了完成移动网络切片，来自主网络的无线接入 DU 被虚拟化，然后被迁移到次级网络的边缘云。此外，原网络的基本功能，如 IP 多媒体子系统（IMS），也被虚拟化并迁移到核心云。

海量物联网切片：用于大量物联网设备的片区，鉴于绝大多数传感器都安装在一个地方，不需要移动性管理，这种片区为主云提供了一个简单而不复杂的分配。

任务关键性物联网切片：由于关键任务的物联网切片有严格的延迟限制，原网络的核心网络服务和配套的服务器都被埋在边缘云中。

网络结构如下图所示。

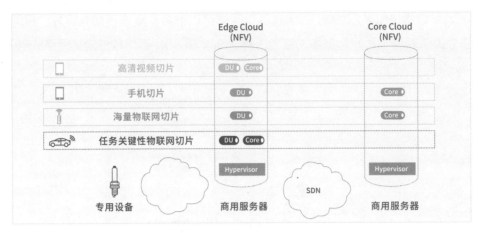

网络结构

网络切片背后的技术并不局限于这些特定类型的切片；相反，它非常灵活，这使得运营商能够创建自己的虚拟网络，以满足广泛的应用场景的要求。

（2）IP/MPLS-SDN 用于建立边缘云和数据中心之间的连接

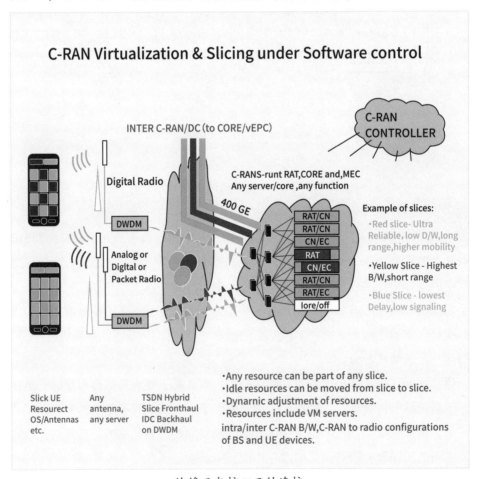

边缘云与核心云的连接

　　通过使用软件定义的网络（SDN）和 5G 切片网络，托管在边缘云上的服务器虚拟机（VM）可以与托管在核心云上的虚拟机连接。构成云核心的虚拟化服务器的管理程序，每个都有一个 vRouter 和一个 vSwitch 已经安装并运行在它们上面。SDN 控制器负责在虚拟服务器和 DC G/W 路由器之间建立 SDN 隧道。SDN 控制器接下来将把 SDN 隧道映射到 MPLS L3 VPN，以完成中央云和外围云之间的连接过程。

（3）边缘云与基站射频单元的网络切片

　　在边缘云和基站射频单元的连接中采用一种被称为"网络切片"的方法，这标志着前向传递阶段的开始。为什么 5G 射频单元（RU）和边缘云（前向传递）要分成几块？首先，立即需要定义 5G 的前向传输标准，目前并没有统一的标准。以下是根据国际电信联盟 IMT-2020 焦点小组：（ITU），给出一个虚拟化的前传应该具有的结构。

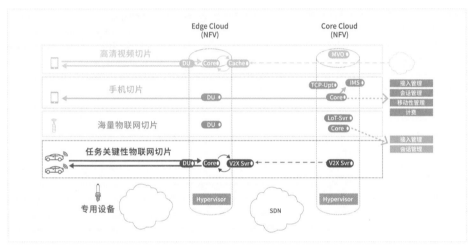

虚拟化前传的结构图

　　这就是 5G 的切片技术，5G 在无线网络世界中有了它才能成为一把瑞士的尖刀。

2.4 移动边缘计算（MEC）

　　我们基于行业云边缘协作应用场景和云边缘协作的通用参考框架，提出了移动边缘计算（MEC）云边缘协作的参考架构；并对狭义的 MEC 和广义的 MEC 的云边缘协作进行了对比；详细介绍了移动边缘计算（MEC）四大类的协作：边缘网络服务、边缘运营管理、云教育、边缘到云教育平台[27]。

　　移动边缘计算（MEC）是 5G 自我管理网络的核心组成部分之一，这种技术现在可以和正式成立的 5G SA 一起广泛用于商业用途。尽管 MEC 的试点正在更频繁地进行，但该平台在作为 IT 和 CT 的融合能力方面仍然面临着实质性的挑战。但是同时又充满无限的可能。

许多全球电信运营商对 MEC 所涉及的技术和业务流程并不相同。MEC 不仅是 5G 边缘计算的平台，而且还经常被视为云战略的主要差异化方面之一。对于那些将云计算视为战略性商业发展的主导运营商来说，情况尤其如此。为了向客户提供统一的云—网络—边缘服务，需要 MEC 和中央云之间的协作努力。

2.4.1 云边协同应用场景

尽管有一些边缘计算服务最终是在边缘节点处理的（例如，一些校园私有云服务），但对于绝大多数边缘计算服务来说，云和边缘之间的协作需求是成功运营业务的一个重要组成部分。边缘计算产业联盟和云计算开源产业联盟等组织已经提出了云边缘合作的各种用例。内容交付网络（CDN）、工业互联网、能源、智能家居、智能交通、安全监控、农业生产、医疗保健和云游戏都是这些类型应用案例的例子。

其他如工业大数据在云端的综合分析和处理，当可编程控制器（PLC）采集数据在边缘的实时分析和处理以及控制设备，都是由于业务的低延迟需求而下放到边缘。有些是为了减轻对云基础设施的压力，而有些则是为了减轻对云基础设施的压力；

其中一些整合了延迟、成本、性能和可靠性等因素，以优化系统架构，充分利用云和边缘的优势。其中一个例子是视频安全监控，涉及视频人工智能（AI）应用处理，通过视频预分析和边缘的 AI 推理执行，实现了对视频监控场景中实时异常事件的感知和快速处理。另一个例子是视频加密，这涉及视频密码学。

2.4.2 云边协同参考框架

边缘计算（EC）-IaaS 和云 IaaS 应该能够在网络和虚拟化资源上进行协同；边缘 EC-PaaS 和云 PaaS 应该能够在数据、智能和应用协同上进行协同；边缘 EC-SaaS 和云 SaaS 应该能够在软件即服务（SaaS）上进行协同。

除了目前存在于 IaaS 资源、PaaS 平台和 SaaS 应用之间的协同之外，云计算开源产业联盟建议增加发票、运营和维护以及安全方面的协同。

华为是一家信息和通信技术（ICT）设备和服务提供商，其边缘计算产品的架构包括"云、管理、边缘、终端和核心"。特别是，华为云推荐并促成了云原生计算基金会 KubeEdge，这是一个实现云—边缘互动的开源项目，建立在 Kubernetes 扩展（CNCF）之上。这种云与边缘的合作在 KubeEdge 中实现，它是一个智能边缘平台，除了基于边缘的计算节点，还纳入了基于云的管理和控制：

（1）使用 WebSocket 和 Quic 协议，实现了可靠、高效的云边消息通信，并且建立了一个安全高效的消息传递链接，以便在网络边缘共享指令和数据；

（2）kubectl 命令行支持，用于管理云端的边缘节点、设备和应用程序；基于

Kubernetes 的云端边缘控制器，如 EdgeController，用于控制 Kubernetes API 服务器和边缘节点、应用程序和配置的状态同步；

（3）基于 Kubernetes 的边缘控制器，用于管理企业内部的边缘节点、设备和应用程序。由于一个名为 DeviceTwin 的模块，连接到边缘计算节点的网络边缘的设备可以从云端进行同步和操作。

阿里云是一家已经进入边缘计算领域的云计算供应商，正在积极建立云计算和边缘计算的合作框架：

（1）边缘节点服务对公众的可用性（ENS）。ENS 目前的主要工作是提供边缘 IaaS 服务；但是，其长期目标是建立一个大规模的分布式边缘计算动力融合调度平台。这个平台将结合虚拟机、容器、函数、流计算和其他形式的计算；它将屏蔽分布在不同边缘 DC 的硬件和网络环境的异质性差异；它将以无缝方式支持不同类型的边缘资源为云边缘集成计算的规模覆盖提供基础能力支撑。

（2）阿里云将 Kubernetes 容器服务延伸至边缘，开发了边缘容器产品——阿里云容器服务 Kubernetes 版。这与华为采用的"云端统一管理，边缘最小化定制"的理念是一致的。边缘 Kubernetes 是 Kubernetes 的扩展，它提供了一个被称为 EdgeTunnel 的合作通道，促进了云的管理和其边缘节点之间的信息交流。边缘 Kubernetes 是 Kubernetes 的一个扩展。除此之外，阿里云还考虑到边缘节点的日志监控和维护的需要，以及边缘应用的协调和管理中基于云的合作要求。ACK 边缘 Kubernetes 是一种运行在网络外围的服务。

通过使用 03MEC 的云计算加强协作

即使有许多不同形式的边缘计算，所有的边缘计算都可以通过应用行业联盟为边缘计算中的云端协作开发的标准框架来描述。通过在云端边缘计算方面的合作，华为和阿里都对各种边缘计算设备的构思和研发做出了贡献。即使 MEC 的云端边缘协作架构遵守了大部分的行业标准，但自身也同样存在一些问题。

目前，MEC 有广义和狭义之分。

狭义的 MEC：指代一种特定的多接入边缘计算平台。这种平台是按照 ETSI 标准架构设计的，通常利用网络功能虚拟化（NFV）和管理协调技术构建，在统一的 MEC 系统中考虑到了 5G 用户面功能（UPF）。ETSI 标准架构是由欧洲电信标准协会（ETSI）开发的。

广义的 MEC：指在网络外围为同时提供自己的公共云和 CDN 服务的运营商部署边缘计算平台。这些运营商可以根据自己的公共云和 CDN 资源的扩展构建 MEC 平台（不一定命名为 MEC 平台），这些平台通常独立于 UPF 部署。此外，MEC 指的是在网络外围部署边缘计算平台。

这个平台是在一套独立的互联网边缘计算平台上开发的，而不是网络功能虚拟化（NFV）的架构和标准，尽管它与这两者有很大的相似之处（NFVI）。下面的图片作为一个总结，说明了MEC云-边缘协作参考架构以及它是如何被分割成四个独立的阶段的。

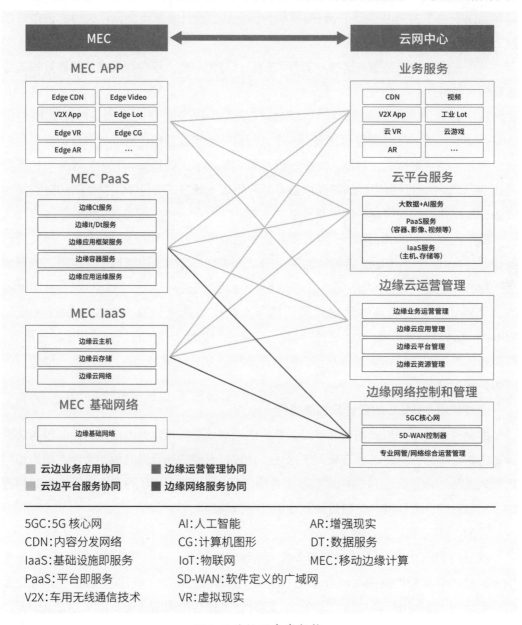

MEC 云边协同参考架构

2.4.3 MEC 边缘网络服务协同

（1）边缘承载网络协同。边缘承载网络与 MEC 边缘资源池和中心云资源池之间的云—边缘网络链接的互通性，主要是基于城域 / 移动承载网络和 IP 骨干网络承载（最好是基于软件定义网络 /NFV，以提供云和边缘之间网络资源的统一调度）。最近，云—边缘网络通信已经创建，利用跨网络隧道技术作为起点。这包括以软件定义广域网（SD-WAN）为代表的 overlay 和以 SRv6 为代表的 underlay 等方案。

所有这些方案都使用基于云的集中式 SD-WAN 控制器和网络运行管理平台，在基于云的网络中有效地安排 Overlay 和 Underlay 连接的资源。这样做是为了适应网络的需要，如基于云的应用协作。

（2）5G 核心网网络协同。5G 核心网网络之间的协作 MEC 和 UPF 都需要在运营层面统一起来，以创建"连接 + 计算"的外部服务。MEC 的云端协作连接包括 UPF 与 5G 核心网控制平面上的网元之间的互动，特别是会话管理功能（SMF）和网络开放功能（NEF）。无论 MEC 和 UPF 是否在物理上相互集成（NEF），情况都是如此。

UPF/SMF 接口仍然是制造商严守的秘密。为了给垂直行业场景提供一个通用的 N4 接口，并创建一个开放的行业 UPF，中国移动提供了一个名为 OpenUPF 合作伙伴计划的项目。该计划旨在更好地简化 MEC/UPF 在企业网站和其他类型环境中的部署。

2.4.4 MEC 边缘运营管理协同

在云边缘建立协作管理互动是狭义 MEC 的要求，也是 MEC/UPF 和边缘协调和管理（MANO）的要求。边缘 MANO 是指 NFV MANO 标准，根据边缘特性进行定制和改进，以完成云中的应用编排和分发，以及位于边缘的 MEC 平台和应用的集中资源管理和监控运维。边缘 MANO 和普通 MANO 之间最重要的区别如下。

（1）倾向于使用轻量级的 VIM，可与计算节点共设，以减少边缘节点产生的资源开销；

（2）提供一个独立的移动边缘应用编排（MEAO）系统，必须完成，以便成功地进行 MEC 应用调度。为了完成分流规则设置，处理移动边缘（ME）应用程序软件包管理和应用程序生命周期管理，并实现全球统一的 MEC 资源管理、调度和派遣，MEAO 可以与 5G 核心网的 NEF 或 PCF 链接。

大规模多嵌入式计算（MEC）的事实标准现在是 Kubernetes 和基于容器的边缘集群服务。这种集群可以部署在轻量级 OpenStack 和虚拟机 / 裸机服务器之上。边缘集群可分为两个独立的类别：治理云的集群和向边缘输送数据的集群。

在云中控制的 Kubernetes 集群的主节点位于云中，而这些集群的工人节点则位于边缘。当网络边缘可用的资源较少时，如华为 KubeEdge 和阿里 ACK Edge Kubernetes 的情况，云控制集群可能是最有效的解决方案。

使用边缘分布的集群，其 Kubernetes 主节点和工作节点均在边缘端，再加上精简版的 Kubernetes。边缘分布的集群获得了云管理的好处，在处理较大的边缘规模时对大量的集群采取行动，如 Rancher K3S。

无论是狭义还是广义的 MEC，我们都必须考虑到边缘业务操作的协作性质。这包括为边缘应用的开发和测试提供环境（重点是还包括对 MEC 能力调用的支持），边缘应用商城和图像库，边缘应用的安全认证，以及查询云中能力调用的计费日志。边缘应用 MEC 能力和服务消费计费日志服务可以通过加载和信任边缘应用软件包来获得，以便让它按照云协调提供的时间表执行。

2.4.5 MEC 云边平台服务协同

当我们提到"MEC 云边平台服务协作"时，我们主要是指 MEC 与公有云中的各种云平台服务和边缘服务之间形成协作。这包括边缘应用的云能力的调用交互，以及云能力向下延伸到边缘云，作为服务为边缘应用提供本地服务。根据不同的情况，这种本地服务可以按需带来。在云—边缘合作的场景下，视频、人工智能、物联网大数据类在云—边缘平台上的需求量很大。

公共云计算服务，如计算和存储，在与 MEC 结合时，最好能与云的边缘整合。这将使虚拟机的调度和从云端迁移到边缘成为可能，并能根据业务的要求和要完成的工作量来统一调度云—边缘的计算能力。

可以系统地安排热数据的边缘侧存储、全量数据和结构化分析数据的云端上传和保存以及数据管理的其他方面符合要求。要进行云端协作，需要两个不同系统的对接。这些系统是基于 NFV 的边缘云运营与管理系统和公共云运营与管理系统。

换句话说，MEC 云边缘平台服务协作包括一个实体。这个实体将顶层业务应用与底层云边缘网络及其资源和能力的错综复杂的问题分开。被称为 Edgeless 的类似 Serverless 的边缘感知平台服务的应用，提供 MEC 云计算边界协作，以实现技术开发目标。这是狭义 MEC 和广义 MEC 两个不同定义之间的最大的区别之一。

2.4.6 MEC 云边业务应用协同

云边业务应用协同具体包括业务应用部分处理任务作为一个边缘应用下沉到 MEC。云业务应用将从 MEC 边缘云 IaaS 和 PaaS 收集有关边缘应用的数据，如应用的状态和日志，对数据进行分析，然后根据分析结果对边缘应用实例进行调度决策。

理想情况下，基于云的业务应用向 MEC 调度用户终端访问请求，触发边缘云和边缘网络资源的调度和保证，并利用这种组合在网络边缘进行业务应用计算。这是由于基于云的应用程序能够更好地考虑到用户请求的分布、自身处理资源的负担，以及企业在需求方面的经验，从而为业务应用提供最优的计算效率，客户体验，网络成本。

2.5 5G 通信技术实践

2.5.1 路由器配置前准备

（1）完成硬件安装后，在登录路由器的 Web 设置页面前，您需要确保管理计算机已安装了以太网卡。

（2）自动获取 IP 地址（推荐使用）

请将管理 PC 设置成"自动获得 IP 地址"和"自动获得 DNS 服务器地址"（计算机系统的缺省配置），由设备自动为管理 PC 分配 IP 地址。

（3）设置静态 IP 地址

请将管理 PC 的 IP 地址（例如设置为：192.168.2.11）与设备的 LAN 口 IP 地址设置在同一网段内（设备 LAN 口初始 IP 地址为：192.168.2.1，子网掩码均为255.255.255.0）。

打开"控制面板"—"网络和 Internet"—"网络连接"—"本地连接"修改如下：

2.5.2 登录配置页面

打开 IE 或者其他浏览器，在地址栏中输入 192.168.2.1，连接建立后，在弹出的登录界面，以系统管理员（admin）的身份登录，即在该登录界面输入密码（密码的出厂默认设置为 admin）。

如果你想防止未经授权的用户对配置界面进行更改,你可以通过进入"设备管理器",然后"更改密码"来实现。

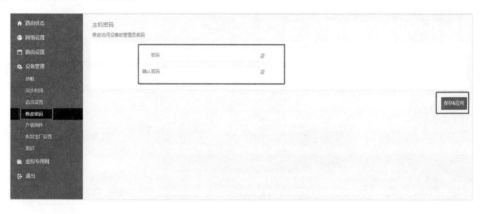

2.5.3 网络配置

修改静态登录页面地址

路由器默认静态地址为 192.168.2.1,在导航栏"网络设置"—"LAN 设置"可以修改静态的 IP 地址,修改后将用新的 IP 地址登录进页面。

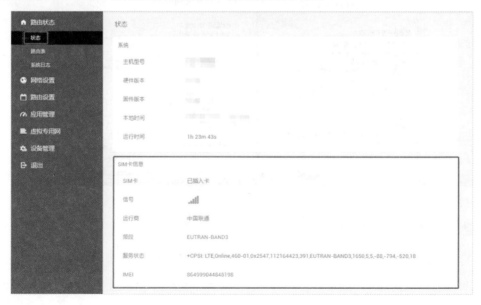

2.5.4 SIM 卡 2/3/4/5G 方式上网

路由器默认是使用 SIM 卡 2/3/4/5G 上网，在导航栏"路由状态"—"状态"可以看到 SIM 卡的信息，右上角可以查看网络是 2/3/4/5G 以及手机卡信号。

如果使用普通手机流量卡，APN 设置的位置可以不用关心，默认为空即可。如果您使用了 APN 卡，需要在"网络设置"—"5G 网络"—"基本设置"设置 APN，自行填写，用户名跟密码（一般为空）。

"网络设置"—"5G 网络"—"高级设置"可以对 2/3/4/5G 进行绑定，如果服务类型选择了 5G Only，代表只用 5G 的网，不是 5G 会自动没有网络。默认是 2/3/4/5G 都有，哪个网络信号比较强先用哪一个，优先使用 5G。锁定频段是自动的，优先选择信号好的频段。

注意：

◆ 5G 专网必须配置 APN，APN 即 UPF 指定

◆ 普通的 4G 手机卡上网可不用关心 APN 设置

◆ 如果使用了 APN 专网卡，务必要填写 APN 地址，用户名跟密码

◆ 不同运营商的 APN 专网卡规格不同，APN 地址、用户名和密码（如有请参考 APN 设置表章节）或咨询当地运营商。

2.5.5 APN 设置表

（1）下列中是各运营商公网的相关拨号参数，专用拨号参数具体请以运营商给出的专用卡信息为准：国内物联网卡 APN 参数如下：

运营商	APN	用户名	密码	拨号
电信 4G 物理网卡	ctm2m	*.m2m（定向用户） m2m（普通用户）	vnet.mobi vnet.mobi	*99# *99#
联通 4G 物联网卡	unim2m.njm2mapn	空（不填）	空（不填）	*99#

（2）普通流量 4G 卡 APN，一般无须任何设置都可以正常上网：

三大运营商 4G 卡通用卡 APN				
运营商	APN	用户名	密码	拨号
移动 4G	cmnet	card	card	*99#
联通 4G	3gnet	card	card	*99#
电信 4G	ctlte	ctnet@mycdma.cn 或者 card	card	*99#

（3）通用 3G 网络 APN 参考如下：（如果您是 3G 卡必须按照如下表格设置）

运营商	APN	用户名	密码	拨号
移动	cmnet	card	card	*99#
联通	3gnet	空（不填）	空（不填）	*99#
电信 3G	ctnet	ctnet@mycdma.cn	vnet.mobi	#777

2.6 通过 5G 网络配置 IOT 数据中台实验

向下，数据中台可为各种物联网设备提供连接服务，支持设备通过无线和有线多种

网络传输协议接入，进行数据上传；也可为设备管理提供数据传输模型。

向上，数据中台通过 API 接口的形式为各种物联网应用提供数据接口，可以进行实时数据推送、流处理，也可以支持高度自定义地提取历史数据；并支持通过 MQTT 等多种方式进行第三方订阅数据。

这使数据中台既对设备友好，提供标准化的规范数据结构，设计有统一的基础层、公共中间层、特色应用层，实现多元异构数据接入和指标口径统一；也对业务应用友好，提供统一数据开放接口，构建有数据主体集和数据查询引擎（API 接口），实现面向业务统一数据出口和统一查询逻辑；在降低数据管理和使用门槛的同时，提高数据的使用效率；更为故障诊断、状态识别等深层次物联网引用提供了算法和模型的运作基础。

物联网数据中心的所有其他功能模块都建立在核心的四个模块——设备管理、用户管理、数据传输管理和数据管理所奠定的基础之上。

使用技术：

（1）能信数据中台最新的技术要求是数据并发处理，该部分使用 Erlang 语言开发，这是交换机开发使用的语言，能信数据中台最底层基于 Erlang 开发软交换技术，实现大规模并发处理。

（2）用户管理、设备管理、话题管理、设备字典管理等管理应用开发使用基于 java 开发自建 webSevers 系统。

（3）数据库使用开源数据库，分别为 MangoDB 和 MySql，进行消息队列及关系数据存储。

（4）采用 Node-js 前端来实现异构数据治理，并提供 api 接口管理。

（5）以 JSON 为标准，定义统一传输协议。

（6）支持容器技术，可以公有云、私有云、混合云部署。

功能构成：

	用户管理	用户权接入管理	支持用户创建、修改、删除；统一由信息化管理员来进行操作；用户用来管理该用户所属的项目、设备、话题；
IOT 数据中台	项目管理	用户项目拓扑管理	支持用户新建、修改、删除；新建内容包括项目名称、是否采集数据、是否采集所有数据、备注；项目所属设备及话题关系管理，支持excel导出；
	设备管理	设备基本信息管理	支持设备创建、修改、删除；新建设备包括设备类型、名称、型号、imei号、ID、是否采集数据、节点号、负载长度、负载类型、备注等；
		设备型号管理	设备大类管理；平台分类管理；设备型号名称；数据格式；格式定义；备注；

续表

IOT 数据中台	设备管理	设备点号表管理	设备型号；序号；寄存器类型；寄存器名称；IO 名称；IO 端口号；数据类型；字节长度；数据精度；是否存在负值；计算公式；固定值选择；数据单位；数据下限，数值上限，是否显示数据；
	话题管理	话题管理	支持用户新建、修改、删除话题；访问类型；外部用户访问标志；支持批量添加；支持话题关联设备管理；
	IOT 账号管理	IOT 设备登录平台账号管理	该功能在用户项目目录下；支持用户为所属项目新建 IOT 设备账号，支持新建、修改、删除；支持用户明、密码设定；支持批量添加；支持上报、下发权限控制；支持设备话题绑定；
	设备权限管理	IOT 设备收发数据权限管理	支持设备话题发送、接收、发送和接收三种权限管理；
	在线用户管理	在线设备监测	能够显示在线客户端 ID、登录用户名、IP 地址、端口号、上线时间；
	告警管理	告警设置	告警设置
		当前告警	当前告警
	API 管理	标准 API 接口	支持：net、c、java、phyton、安卓、IOS、小程序；接口文档及 demo 从官网下载；
	数据字典管理	数据字典管理	支持自定义设备名称、类型、数据种类、形成标准数字化设备模板；

2.6.1 操作说明

1. 登录后进入"项目物联网账号管理"账号用来登录 IOT 中台。

永久有效 Demo 地址：

https://124.70.89.131:9081/tenyun/m/main

管理员账号：admin

密码：Tenlink@123

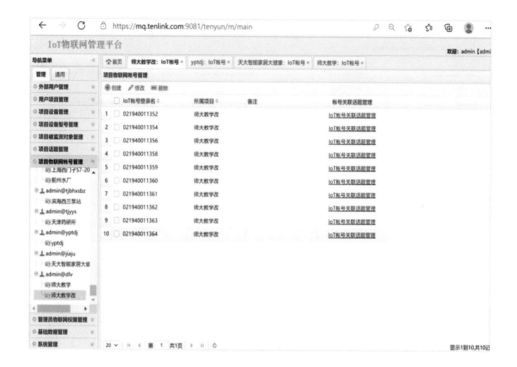

2.6.2 创建账号、密码

选择设备所属的账户，没有可以新建。新建规则，sim 卡号最后 12 位用作用户名；sim 卡后 8 位用作密码。

2. 账号建立后可以通过 mqttbox 测试：

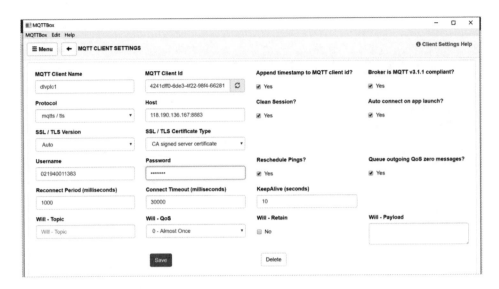

2.6.3 创建订阅、发布话题

新建话题，发布话题用于监测设备状态，命名规则"12 位 sim 卡号"+"/p"；
订阅话题用于控制设备，命名规则"12 位 sim 卡号"+"/s"；
打开项目话题管理，找到所属账号，点击创建；

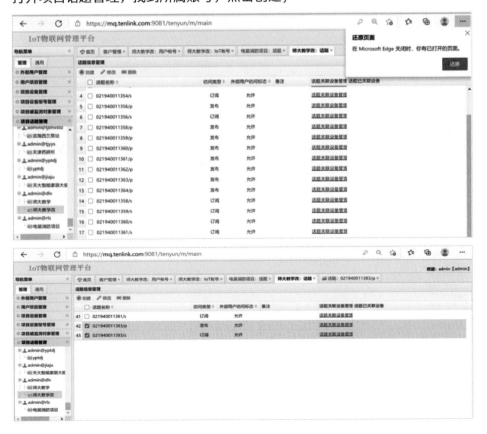

2.6.4 设备与话题绑定

打开项目物联网账号管理界面，找到对应账号：

点击 IOT 账号话题关联管理；

从备选话题列表中选择关联的 "订阅" "发布"话题。

点击保存完成绑定。

备注：如果要删除账号，需要先解绑话题。

MQTT Box 测试工具

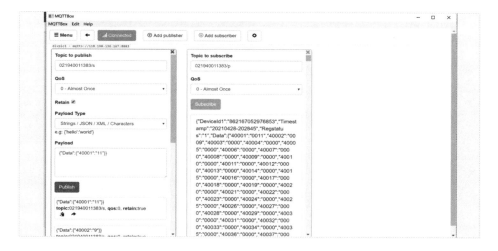

3

边缘控制 5G-PLC 控制器
原理及实验 ▶▶▶

　　本章使学生了解继电控制的基本工作原理，熟悉常用电器的图形文字符号，掌握典型继电控制系统的分析和设计方法。通过类比继电控制，快速掌握可编程控制的基本工作原理、分析设计方法，进而掌握施耐德控制器硬件设计和软件的设计方法，为实现工业互联网边云控制功能，奠定坚实的理论和技术基础。

3.1 基础继电控制

本节使学生了解继电器、接触器等常用电器的工作原理[1]、图形文字符号表示，熟悉点动、长动、自锁、互锁控制线路的分析，学会小车位置控制系统的设计。通过这些典型控制线路的分析和设计练习，掌握继电控制系统的分析和设计方法。

3.1.1 继电器、接触器

开和关是电器最基本、最典型的功能。这里的电器指低压电路中起控制、调节、变换、检测、保护等作用的基本器件，包括断路器、接触器、继电器等。

继电器能根据电流、电压、时间等信号的变化，接通或断开小电流电路，包括控制继电器和保护继电器，前者包括中间继电器、时间继电器、速度继电器等，后者包括热继电器、过电流继电器、欠电压继电器等。中间继电器与接触器的工作原理完全相同，只是它用于控制电路，而接触器用于主回路。

接触器的工作原理如下图所示，它包括触点和电磁系统两部分。线圈通电后，电磁力吸引衔铁拉伸弹簧，带动连杆动作，从而使常开触点闭合，常闭触点断开。

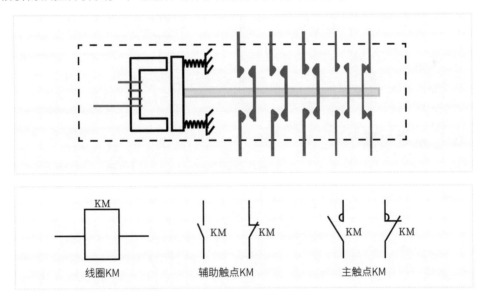

3.1.2 时间继电器

在控制过程中，人们往往需要一定的延时功能，这时就要用到时间继电器。给出控制信号后，时间继电器能对本身触点的闭合、断开进行延时，包括电动式、空气阻尼式、晶体管式等不同类型。

晶体管时间继电器主电源由变压器二次侧的 18V 电压经整流、滤波获得；辅助电源由变压器二次侧的 12V 电压经整流、滤波获得[2]。当变压器接通电源时，晶体管 V_5 导通，V_6 截止，继电器 K 线圈中电流很小，K 不动作。两个电源经可调电阻 R_1、R、K 常闭触点向电容 C 充电，a 点电位逐渐升高[3]。当 a 点电位高于 b 点电位时，V_5 截止，V_6 导通，V_6 集电极电流过继电器 K 的线圈，K 动作，输出控制信号。K 的常闭触头断开充电电路，常开触头闭合将电容放电，为下次工作做好准备。其工作原理、图形文字符号如下图所示。

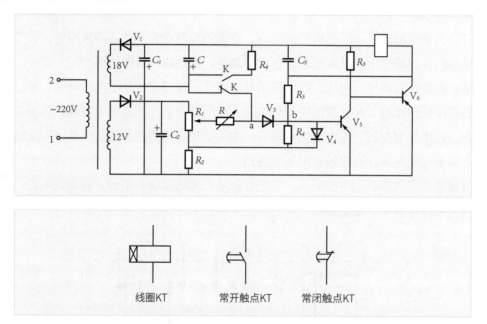

线圈KT   常开触点KT   常闭触点KT

3.1.3 主令电器

主令电器用于发布操作命令，以接通和分断控制电路，包括按钮、行程开关、转换开关和凸轮控制器等[4]。

常开按钮 SB   常闭按钮 SB   复合按钮 SB

3.1.4 电气控制线路

把各种有触点的继电器、接触器，以及按钮、行程开关等元件，用导线按一定的方式连接起来，组成电气控制线路，包括主回路和控制回路，如下图所示。这种控制线路的优点是，原理图直观形象、元件简单便宜、抗干扰性强。

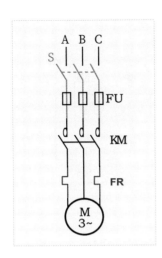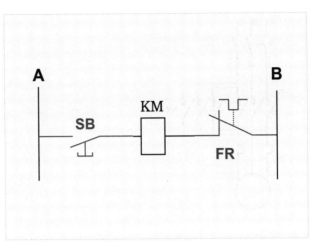

主回路包括电源、刀开关、熔断器、接触器、热继电器、电机等，负载电流大，控制回路负载电流小，其作用是实现对主回路所要求的控制和保护功能。按下按钮 SB，接触器线圈 KM 通电，主触点 KM 闭合，电机转动；松开按钮 SB，接触器线圈 KM 断电，主触点 KM 断开，电机停止转动[5]，即电机的点动控制功能。

3.1.5 自锁控制

要使电机保持长动，需要在启动按钮 SB1 两端，并联一个线圈 KM 的辅助常开触点，再串联一个停止按钮 SB3。当按下按钮 SB1，线圈 KM 通电，主触点 KM 闭合电机转动。这时即使断开按钮 SB1，由于辅助触点 KM 闭合，线圈 KM 仍保持通电，按下停止按钮 SB3，电机停止，如下图所示。

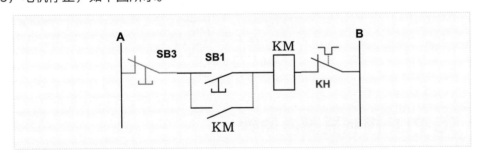

这种通过自身触点，使继电器、接触器线圈保持长期通电的环节，称为自锁控制。辅助触点 KM 叫作自锁触点。

3.1.6 互锁控制

一个接触器有闭合和断开两种状态，只能控制电机的启动与停止。若要控制电机的正反转，需要增添一个接触器。当主触点 KM1 闭合，电机定子电源相序为 ABC，电机正转；当主触点 KM2 闭合，电机定子电源相序为 CBA，电机反转，如下图所示。

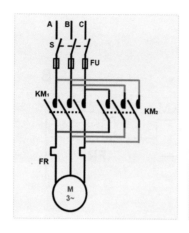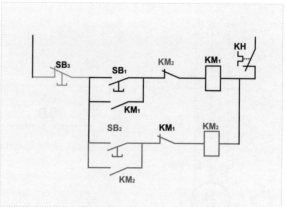

当线圈 KM$_1$、KM$_2$ 同时通电，主触点 KM$_1$、KM$_2$ 同时闭合，这时电源短路。为了避免线圈 KM$_1$、KM$_2$ 同时通电，在 KM$_1$ 的控制回路串联 KM$_2$ 的常闭触点 KM$_2$，在 KM$_2$ 的控制回路串联 KM$_1$ 的常闭触点 KM$_2$，使 KM$_1$ 与 KM$_2$ 不能同时通电。这种控制称为互锁控制。

3.1.7 顺序控制

若控制两台电机，启动时只能先启动电机 1 才能启动电机 2，停止时只能先停止电机 2 才能停止电机 1，这就是电机的顺序控制。

3.2 5G-PLC 控制器基本原理

本节使学生了解可编程控制器（PLC）的基本工作原理，熟悉 PLC 基本指令和特殊指令的梯形图，掌握抢答器、交通信号灯、Modbus 串行通信等控制系统的分析和设计方法。通过这些典型控制线路的分析和设计练习，掌握 PLC 控制系统的分析和设计方法，掌握 PLC 通过 5G 和云端进行数据交互的编程实现。

3.2.1 工作原理

逻辑控制、计时、计数、算术运算等都是由位于可编程逻辑控制器（PLC）核心的微处理器完成的，微处理器的数字和模拟输出用于完成众多功能的控制。

PLC 一般为模块式结构，主要包括电源模块、CPU 存储器模块、输入模块、输出模块，组装在一个机架内，可按需要灵活配置。PLC 采用循环扫描的工作方式，集中输入、集中输出。PLC 基本工作原理如下图所示。

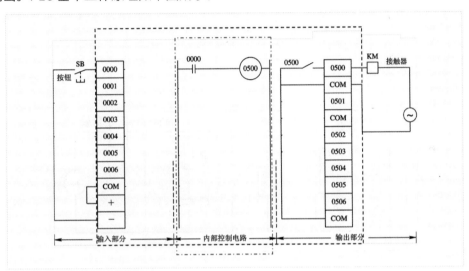

当按下按钮 SB，电源经过按钮、端子 0000 以及此端子的内部电路，形成回路，此信号经输入接口电路，存储到输入映像寄存器。这时 PLC 内容的输入节点 0000 变为闭合，软线圈 0500 通电，其状态存储到输出映像寄存器，同时控制触点 0500 闭合，外部电源经线圈 KM、触点、公共端 com 形成通路，线圈 KM 通电。从而实现由按钮 SB 的输入信号，控制线圈通电的功能。

3.2.2 输入接口电路

PLC 的输入接口电路由发光二极管和光敏三极管组成，R1 为限流电阻，V1 为光电耦合器[6]，如下图所示。

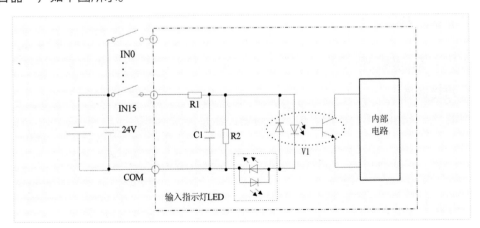

光电耦合器将输入电路与内部电路隔离，提高输入单元的抗干扰能力[7]。当开关 IN15 闭合时，V1 中的发光二极管发光，光敏三极管检测到发光信号后，输入到 PLC 内部电路，并存入到输入映像寄存器中。

3.2.3 输出接口电路

PLC 的输出接口电路由发光二极管和继电器组成，R_1 为限流电阻，R_2、C_1 为高频滤波电路，如下图所示。

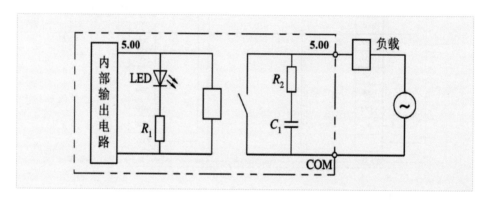

当 PLC 端子 5.00 为高电平时，线圈接合，触点闭合，负载线圈由交流电源和公共端子 COM 供电。这样做的目的是为了实现 PLC 内部输出信号控制外部负载线圈的功能。

最常使用的两种 PLC 编程语言是梯形图和指令表。顺序功能图、功能块图、语句表和结构文本都是其他语言的例子。

3.3 SoMachine Basic 编程软件

在本节将对 SoMachine Basic 软件的系统配置、参数设置、传送与在线功能的操作方法等进行详细说明。

3.3.1 起始界面

1. 项目选项

启动 SoMachine Basic 后，显示起始项目界面：

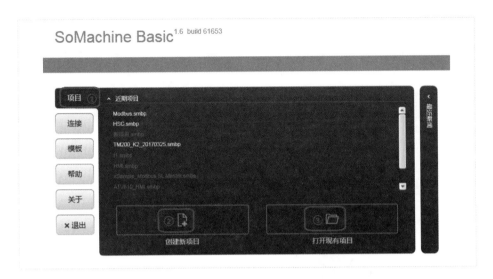

SoMachine Basic 起始项目界面

在默认的项目界面，如上图①位置。点击创建新项目按钮，如上图②位置，创建新项目。点击上图③位置，跳转至文件夹，选择打开项目即可。中间部分为列出最近工作的项目以便打开。

注意：必须在安装 SoMachine Basic 时选择 Twido 项目文件扩展名 (*.xpr)，才能将 Twido 项目导入 SoMachine Basic。

2. 连接选项

点击连接选项，显示如下图所示：

SoMachine Basic 连接界面

控制器可通过 USB 等多种方式下载或者上传程序。此外，还有模板、帮助、关于等选项可使用。

3.3.2 主界面

点击项目选项，点击创建新项目，显示如下主界面：

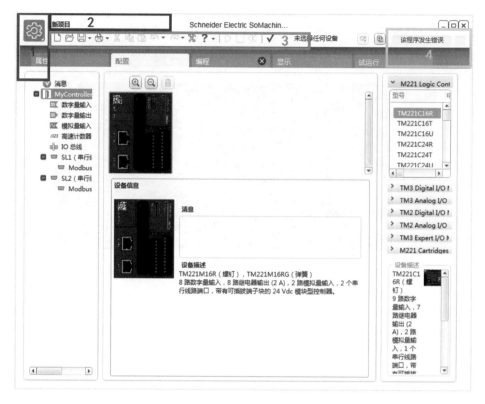

1. 工具栏

在标题栏，显示项目名称，工具栏提供操作工具，状态栏显示工程状态。工具栏按钮及功能如下：

图标	描述	快捷方式
	创建新项目	Ctrl+N
	打开现有项目	Ctrl+O
	保存当前项目。单击向下箭头以显示包含保存和另存为选项。	Ctrl+S
	打印功能	Ctrl+P
	剪切	
	复制	
	粘贴	
	撤销	Ctrl+Z
	恢复	Ctrl+Y
	显示系统设置窗口	
?	显示联机帮助	F1

续表

图标	描述	快捷方式
▷	启动控制器（仅在在线模式下且控制器不在"运行"状态时可用）	
□	停止控制器（仅在在线模式下且控制器处于"运行"状态时可用）	
◁◁	重新初始化控制器（仅在在线模式下可用）	
✓	编译程序	

2. 系统设置

点击工具栏上的按钮。设置分四部分，分别是常规、梯形图编辑器、配置、激活、编码助手。

设置选项

1）在常规界面，可以选择语言，另外，模拟、仿真时以太网端口号默认是 502，如需要更改模拟器的端口号，则可以在此处进行更改。

2）在梯形图编辑器界面，我们可以设置网格线样式、网格列数、指令输入选项、快捷方式和工具栏样式。

3）在网格线样式界面，可以选择点、横杠、行三种模式的效果。

在配置界面，允许设定默认控制器，一旦创建了新应用，该控制器随即被使用，该功能对一些创建相似应用程序，使用相同控制器的 OEM 用户来说非常有用。

4）在激活界面，输入本地产品代码 ulck8loca，点击应用，并关闭重新打开编程软件，在配置窗口中就可以选择 M200/M100 控制器了。M200/M100 默认是没有激活的。

5）在编码助手界面，设置在编码过程中系统给出的自动显示智能编码命题、显示包含功能描述的提示信息等相关提示。

3. 属性选项卡

属性选项卡用于指定项目的信息以及项目是否受密码保护，包括开发者、开发公司的详细信息、项目本身的信息，以及如果项目受密码保护，则必须正确输入密码才能在编程软件中打开该项目。

4. 配置选项卡

用于配置项目中使用的硬件，其中包括选择正确的控制器和扩展板、附加 I/O 模块，以及配置硬件参数。

1）数字量配置

① 数字量输入：符号、滤波、锁存、启动 / 停止、事件

② 数字量输出：符号、状态报警，故障预设值

2）模拟量配置

① 模拟量输入：符号、模拟量类型、数据范围、最小值、最大值、过滤器及时基和采样速度通道选择

② 模拟量输出：符号、模拟量的类型、数据范围、最小值、最大值和故障预置值

3）高速计数器配置： 可以设置成单相、双相和频率计三种类型。

4）脉冲发生器配置： 可以选择 PLS/PWM/PTO/FREQGEN 脉冲输出类型。

5）总线配置： 在某些环境下，需要分析为配置选择的模块的功耗以及需要的最短电缆距离，并且尽可能优化选择。双击 IO 总线可以显示 IO 总线电流消耗信息情况。

6）以太网配置： 设置 IP 地址，子网掩码、网关地址和安全参数

7）串行通信配置： 串行线路可设置为 Modbus、ASCII、TMH2GDB、Modbus Serial IOScanner 等协议。

5. 编程选项卡

进入编程选项卡，图示①位置。在图示②位置，可以看到编程时用到的一些系统信息及常用指令，以及编程方式 LD 与 IL 之间的转换。左侧位置可以看到任务及工具选项卡，图示③位置。任务窗口可以查看各个任务的情况，工具窗口下可以查看各个对象使用情况。图示④位置中心区域为编程窗口，可以在此处输入程序源代码，实现客户的工艺逻辑。

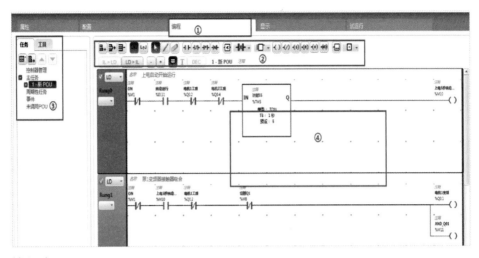

编程选项：

图标	描述	快捷方式
	添加新梯级	Ctrl+R
	插入新梯级	Ctrl+I
	删除梯级	Delete
	正常模式（无分支）	F2
	正常模式	Shift+F2
	选择模式（退出）	
	绘制线条	F3 或 Alt+L
	Ctrl+ 箭头键擦除线条	Shift+F3
	常开触点	F4
	常闭触点	Shift+F4
	上升沿	Ctrl+Shift+F4
	下降沿	Ctrl+Shift+F5
	比较块	Ctrl+Shift+O/Ctrl+Shift+P
	XOR	X 或 Alt+X
	功能块	F8 或 Alt+F
	线圈	Ctrl+F9
	取反线圈	Ctrl+Shift+F9
	置位线圈	F9
	复位线圈	Shift+F9
	激活 Gracfcet 步骤	A 或 Alt+A
	停止 Gracfcet 步骤	D 或 Alt+D

续表

图标	描述	快捷方式
⊡	操作块	Ctrl+Shift+6 或 Ctrl+Shift+7
⊡ ▾	其他梯级项目	0 或 Alt+0
IL > LD	从 IL 转换为梯形图	
LD > IL	从梯形图转换为 IL	
-	删除列	
+	增加列	
🖽	显示 / 隐藏注释	
DEC	数据按十进制显示	
105% ⊖━⊕	编程界面放大缩写	

操作块：击操作块下拉箭头，可以选择添加相应的操作块。

🕐 定时器介绍如何使用 Timer 功能块并提供其编程指南，包含以下三种主题：TON：接通延迟定时器；TOF：断开延迟定时器；TP：脉冲定时器[8]。

🖩 LIFO/FIFO 寄存器，是一种可通过下列两种不同方式存储多达 16 个 16 位字的存储器块：队列（先入先出）式，也称为 FIFO。后入先出式堆栈，即 LIFO。

⟨1010⟩ 移位寄存器，提供了二进制数据位的左移位或右移位。

📈 步进计数器，提供了一系列可以向其分配动作的步进。从一步移动到另一步取决于外部或内部事件。每次激活一步时，均会将关联位（Step Counter 位 %SCi.j）设置为 1。一个 Step Counter 中每次只能激活一步。

123 计数器，提供了事件的加和减计数。用户可同时执行这两项操作。

1123 快速计数器，提供了事件的加和减计数。

1123 高速计数器，用作加计数器或减计数器。在单字或双字计算模式下，它可以对最高频率为 5 kHz 的数字量输入的上升沿进行计数。由于 Fast Counter 功能块受特定硬件中断的管理，因此维持最大频率采样比例可能会根据特定的应用程序和硬件配置而变化。

🎛 鼓，操作原理类似于机电鼓定序器，它根据外部事件更改步骤。对于每个步骤，凸轮的高点会提供一个之后由控制器执行的命令。若为 Drum 功能块，这些高点通过每个步骤的状态 1 用符号表示，并且分配给输出位 %Qi.j 或存储器位 %Mi。

🕐 RTC ，让您能够对 Logic Controller 的实时时钟 (RTC) 执行读写操作。

⊓⊓ 脉冲，包含 PLS /FREQGEN 功能块。

⊓⊔ 脉宽调制器，包含 PWM。

✉ 消息，ASCII 通信的 %MSG 功能块。

PTO，包含轴运动及轴管理的相关功能块。

DRV 驱动器对象，包含 Driver 运动及管理的相关功能块。

通信，包含通信读写的相关功能块。

UDFB 自定义功能块，自定义功能块的调用。

3.3.3 编程操作

1. 可在编程窗口点击 $\boxminus_+$ 、$\boxminus_+$ 、$\boxminus_-$ 对应的快捷键添加、插入或删除梯级。

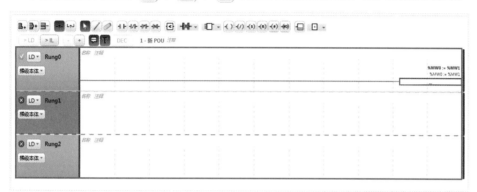

2. 选中某个目标梯级，点击 $\dashv\vdash$ 、$\dashv/\vdash$ 、$\dashv P\vdash$ 、$\dashv N\vdash$ 等功能键添加逻辑条件。

3. 添加 $\dashv(\,)$ 、$\dashv(/)$ 、$\dashv(s)$ 、$\dashv(R)$ 或操作功能块。

4. 选择画线工具 $\diagup$（通过鼠标或键盘、使用 Ctrl+ 箭头绘制线条，F3 或 Alt+L），完成梯形图的逻辑。

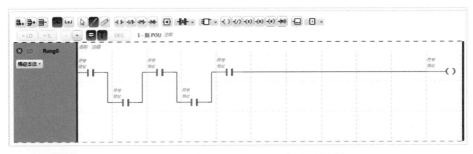

5．给添加的对象赋给对应的地址，完成对这个梯级的编辑。

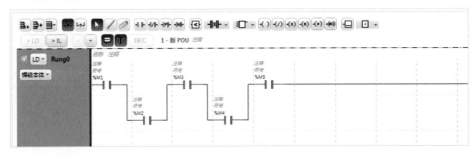

可以通过鼠标或键盘，使用 Ctrl+ 箭头键绘制线条。可以通过鼠标或键盘，使用 Ctrl+ 箭头键擦除线条。

3.3.4 任务管理

1. 控制器管理

在任务管理器中可以设置控制器启动模式、警戒时钟、故障预置行为和功能级别等。如下图所示：

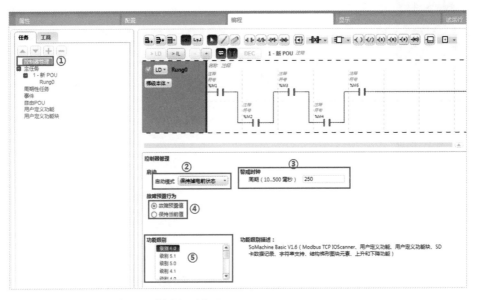

①编程界面，任务窗口，控制器管理。

②启动模式，指定在逻辑控制器重新启动后程序的行为方式。

◆ 保持掉电前状态：逻辑控制器以其停止前所在的状态启动。

◆ 上电停止：逻辑控制器不会自动启动应用程序执行。

◆ 上电启动（缺省）：逻辑控制器在电池使用情况和电量等运行条件满足时自动启动应用程序执行。

◆ 无条件上电启动：逻辑控制器自动启动应用程序执行，即使控制器电池没有使用或者电量用完。

启用"在'运行'中启动"后，控制器的代码将在启动时立即开始运行。预见被调控的过程或设备将如何受到自动重新激活输出的影响是至关重要的。运行中启动可以通过"运行 / 停止"输入来调整。运行 / 停止按钮是一个本地输入，用于控制远程运行指令。如果在控制器被 SoMachine 本地停止后发出远程运行指令，可能会出现意想不到的结果，则必须对运行 / 停止输入进行设置和布线。

③警戒时钟，是用于使程序不会超过分配给它们的扫描时间的特殊定时器。看门狗定时器的缺省值为 250 毫秒。指定看门狗扫描任务的持续时间。可能的范围为 10 至 500 毫秒。

④指定当逻辑控制器进入 STOPPED 或因故出现异常状态时使用的故障预置行为。有两种故障预置行为：

◆ 选择故障预置值，以将输出设置为嵌入式逻辑控制器和扩展模块输出的配置属性中定义的故障预置值。这是缺省设置。

◆ 选择保持当前值以在逻辑控制器进入 STOPPED 或异常状态时使每个输出保持在它当时的状态下。在此模式下，为逻辑控制器和扩展模块输出配置的故障预置值将被忽略，相反，会设为输出所采用的最后值。

⑤系统可能包含具有不同固件版本的逻辑控制器，因此具有不同的功能级。SoMachine Basic 支持功能级别管理，可让您控制应用程序的功能级别。

当 SoMachine Basic 连接到逻辑控制器时，会读取以下固件的功能级别。

◆ 逻辑控制器固件，以便授权将 SoMachine Basic 应用程序下载到逻辑控制器。为应用程序选择的功能级别不得高于逻辑控制器支持的最高功能级别。否则，会有消息提示要么更新固件，要么手动对应用程序的功能级别降级（具体方式为：从功能级别列表中选择级别，如下所述）。

◆ 逻辑控制器的内置应用程序，用于确定是否授权将逻辑控制器应用程序上传到运行 SoMachine Basic 的 PC。为了授权应用程序上传，逻辑控制器应用程序的功能级别不得高于所安装的 SoMachine Basic 版本支持的最高功能级别。否则，在上传之前，必须将 SoMachine Basic 升级到最新版本。

试运行窗口会显示 SoMachine Basic 应用程序以及所连接的逻辑控制器的内置应用程序的功能级别。

从功能级别列表中选择一个级别：

◆ 级别 6.0：包含 Modbus TCP IOScanner、用户定义功能、用户定义功能块、SD 卡上的数据记录、字符串管理、结构梯形图块元素、上升和下降沿功能。

◆ 级别 5.1：包含安全策略修改。

◆ 级别 5.0：包含 Modbus Serial IOScanner、驱动器和 RTC 功能块、多操作数指令。

◆ 级别 4.1：包括在线模式增强、支持 SL2 上的调制解调器。

◆ 级别 4.0：包括对沉浸式晶体管输出控制器、Grafcet (SFC)、频率发生器、保持计时器、存储器管理、远程图形显示演变的支持。

◆ 级别 3.3：包括增强功能（PTO 运动任务、HSC 演变）。

◆ 级别 3.2：包含用于支持可选模块功能、EtherNet/IP adapter 和 %SEND_RECV_SMS 功能块的增强功能。

◆ 级别 3.1：包括增强功能（无条件上电启动功能）。

◆ 级别 3.0：包括硬件和软件上一级别的增强功能（通信、调制解调器、远程图形终端）。

◆ 级别 2.0：包含超过上一个级别软件和固件的任何改进和修正。例如，对于脉冲串输出 (PTO) 支持，必须选择此功能级别或更高级别。

◆ 级别 1.0：SoMachine Basic 软件和兼容固件版本的组合的第一个版本。

2. 主任务

在编程窗口下的任务窗口，可以看到主任务的配置，在主任务中，可以设置主任务的扫描模式：自由运行或周期性，周期性的扫描时间，该时间单位为毫秒，默认是 100 毫秒。

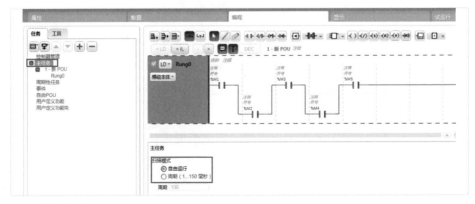

3. 周期性任务

在周期性任务中，可以右键点击周期性任务，添加空闲 POU 以及取消分配空闲 POU，并设置周期性任务的循环周期。

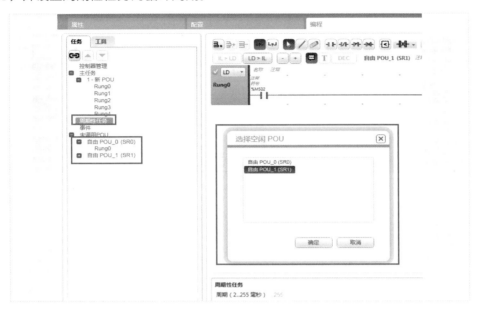

3.4 PLC 控制器实践

3.4.1 TM200-5G 控制器硬件特性

1. TM200 控制器外形

本课程采用 TM200C16R-5G，具有 9 点输入和 7 点输出，其外形图如下图所示。

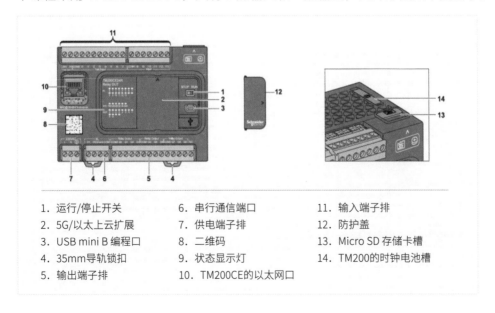

1. 运行/停止开关
2. 5G/以太上云扩展
3. USB mini B 编程口
4. 35mm 导轨锁扣
5. 输出端子排

6. 串行通信端口
7. 供电端子排
8. 二维码
9. 状态显示灯
10. TM200CE的以太网口

11. 输入端子排
12. 防护盖
13. Micro SD 存储卡槽
14. TM200的时钟电池槽

控制器状态显示及功能如下图所示，1 为输入 LEDs，2 为系统 LEDs，3 为输出 LEDs。

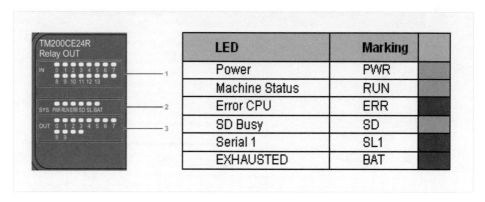

TM200 控制器状态显示

2. TM200 控制器的 I/O 配置

TM200 控制器有多种型号，不同型号的控制器的 I/O 配置不同。下面以 16 点的 TM200C16R 控制器为例，介绍 TM200 控制器的输入输出端子。该控制器的外部接线如下图所示。

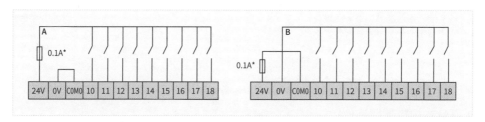

TM200C16R 控制器输入接线

A 为漏极接线（正逻辑）， B 为源极接线（负逻辑）。

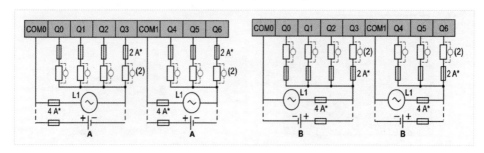

TM200C16R 控制器输出接线

注意：COM0、COM1、COM2、COM3 端子在内部未相互连接。

3. TM200 控制器的串行通信模块

控制器的串行通信模块的功能为上载、下载程序和通信。协议为 Modbus 主站 / 从站， RTU/ASCII, ASCII。传输速率（Kbps）有 1200、2400、4800、9600、19200、

38400、57600、115200。当用作主站时，极化选配 560 欧姆，通过软件配置。

屏蔽线电缆长度 ≤ 15 米。其端子接线如下图所示。

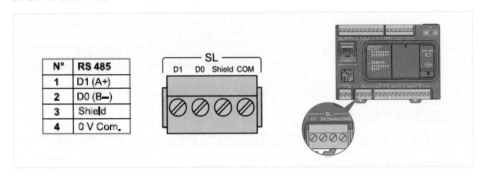

当 24V 直流电源不可用时，可以使用交流的电源模块，如下图所示。

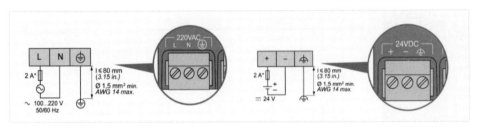

3.4.2 基本指令练习

该系列可编程序控制器的常用基本指令有 10 多条。先简要介绍如下：

1. 线圈（Coils）

输出或内部变量在梯形图中用"线圈"表示。一个活动被符号化为一个线圈。它的左侧必须是一个布尔元素或一个指令块的布尔输出。线圈有许多不同的类别：

1) 直接输出（Direct Coil）〔 〕。除非是并联线圈，否则右边的连接必须连接到垂直电源轨，以便接收左边连接器的信息。

2) 反向输出（Reverse Coil）〔/〕。除非是平行线圈，否则右边的连接必须连接到垂直电源轨，以便从左边的连接器得到反转的状态。

3) 置位输出（Set Coil）与复位输出（Reset Coil）〔S〕〔R〕。置位：让线圈处于导通状态。其功能：驱动线圈，使其具有自锁功能，维持接通状态。复位：让线圈处于导通状态。

2. 触点（Contacts）

在梯形图中，触点代表着开关或按钮，它象征着一个输入值或一个内部变量。

1）直接连接（Dirtect Contact）〕 〔。左边触点的输出状态和右边触点的状态之间存在逻辑联系。

2）反向连接（Reverse Contact）〕/〔。右边连接的状态是左边连接器的输出状态和连接器的当前状态的布尔倒数的逻辑和。

3）上升沿连接（Pulse Rising Edge Contact）。如果上升沿接触所代表的变量从假到真，而左连接器处于真实状态，右连接器将被设置为1，在其他情况下将被重置。

4）下降沿连接（Pulse Falling Edge Contact）。当左连接器处于真实位置时，右连接器的状态被设置为1，当下降沿触点所代表的变量从真实位置转为虚假位置时，右连接器的状态被重置。

现举例说明一些基本指令的使用方法。输入下图中的程序，并观察程序运行的状态。

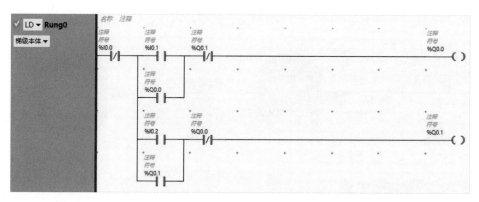

上图中有自锁与互锁，即常闭触点 %Q0.0 与常闭触点 %Q0.1 形成互锁，常开触点 %Q0.0 和 %Q0.1 分别与线圈 %Q0.0 和 %Q0.1 形成自锁。当常开触点 %I0.0 闭合时，线圈 _%Q0.0 接通（即第一个灯亮），常开触点 %Q0.0 闭合，形成自锁；常闭触点 _%Q0.0 断开，形成互锁。所以，两个灯无法同时点亮。

3.4.3 计时器实验

1. 延时通增计时（TON）

TON（On-Delay Timer）类型定时器用于控制接通延迟动作。用户可借助软件对该延迟进行编程。延时通增计时功能块如图所示。

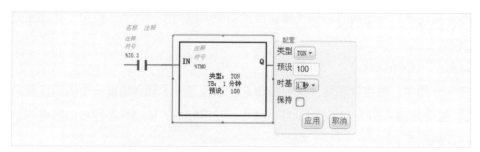

延时通增计时功能块

（1）Timer 在 IN 输入的上升沿上启动；

（2）对于时基参数 TB 的每一个脉冲，%TMi.V 将从 0 以 1 个单位递增到 %TMi.P；

（3）在值达到预设值 %TMi.P 时，%TMi.Q 输出位将设为 1；

（4）当 IN 输入为 1 时，%TMi.Q 输出位保持为 1；

（5）在 IN 输入检测到下降沿时，Timer 停止，即便此时 Timer 尚未达到 %TMi.P。%TMi.V 设置为 0。

该功能块时序图如图所示。

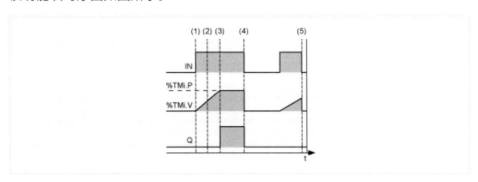

延时通增计时功能块时序图

若选中了保持复选框，则：

（1）Timer 在 IN 输入的上升沿上启动；

（2）对于时基参数 TB 的每一个脉冲，值 %TMi.V 将从 0 以 1 个单位递增到 %TMi.P；

（3）在 IN 输入的下降沿上，Timer 停止并保持不变，等待 IN 输入的下一个上升沿；

（4）在 IN 输入的上升沿上，Timer 从停止值重新开始；

（5）在值达到预设值 %TMi.P 时，%TMi.Q 输出位将设为 1；

（6）当在 IN 输入时检测到下降沿时，如果 Timer 已达到预设值 %TMi.P，%TMi.V 值置 0。

该功能块时序图如图所示。

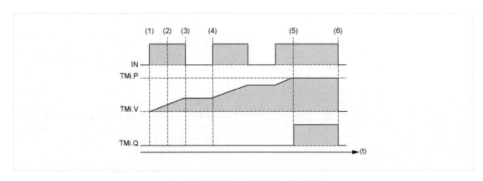

延时通增计时功能块时序图

下面用一个例子来讲解延时通计时（TON）的使用方法。通电延时梯级逻辑如图所示。

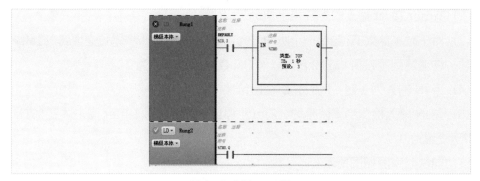

通电延时梯级逻辑

如图所示，这个程序在现场常用于检测故障信号，当探测故障发生的信号进来，如果马上动作，可能会引起停机，因为有的故障是需要停机，假定这个故障信号并不是真正的故障，可能只是一个干扰信号，停机就变得虚惊一场。所以一般情况下会将这个信号延时一段时间，确定故障真实存在，再去故障停机。本程序使用了延时通计时指令来实现这一功能。将计时器的预定值定义为 3s，那么，TON 的梯级条件 fault 能保持 3s，则故障输出动作的产生将延时 3s 执行。如果这是一个干扰信号，不到 3s 便已经消失，计时器的梯级条件随之消失，计时器复位，完成位不会置位，故障输出动作不会发生。

2. 延时断增计时（TOF）

使用 TOF（Off-Delay Timer) 类型的 Timer 控制断开延迟操作。用户可借助软件对该延迟进行编程。延时断增计时功能块如图所示。

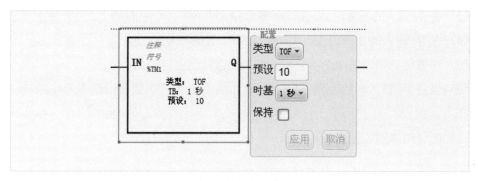

延时断增计时功能块

（1）在 IN 输出的上升沿处，%TMi.Q 置 1；

（2）Timer 在发生输入 IN 的下降沿时启动；

（3）对于时基参数 TB 的每个脉冲，值 %TMi.V 将以 1 为单位递增到预设值 %TMi.P；

（4）在值达到预设值 %TMi.P 时，%TMi.Q 输出位将复位为 0；

（5）在输入 IN 的上升沿处，%TMi.V 置 0；

（6）在输入 IN 的上升沿处，%TMi.V 置 0，即便此时尚未达到预设值。

该功能块时序图如图所示。

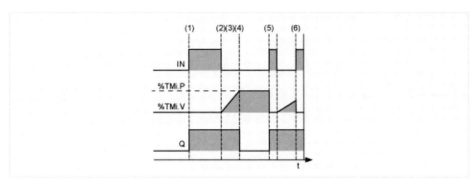

延时断增计时功能块时序图

若选中了保持复选框，则：

（1）在 IN 输出的上升沿处，%TMi.Q 置 1；

（2）Timer 在发生输入 IN 的下降沿时启动；

（3）对于时基参数 TB 的每个脉冲，值 %TMi.V 将以 1 为单位递增到预设值 %TMi.P；

（4）当发生 IN 输入的上升沿时，定时器停止并保持不变，等待 IN 输入的下一个下降沿。

（5）在值达到预设值 %TMi.P 时，%TMi.Q 输出位将复位为 0。

（6）在输入 IN 的上升沿处，%TMi.V 置 0 并且 %TMi.Q 置 1，该功能块时序图如图所示。

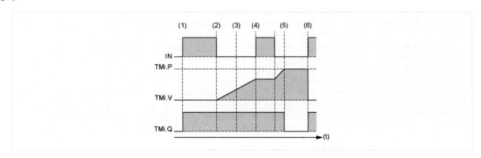

延时断增计时功能块时序图

下面用一个例子来讲解延时断计时（TOF）的使用方法。延时断开梯级逻辑如图所示。

延时断开梯级逻辑

当 %I0.3 置 1 时，%TM1.Q 置位，此时 %Q0.3 为 1。当 %I0.3 由 1 变 0 时，断电

延时计时器开始计时，计时 3s 后，%TM1.Q 位由 1 变 0，梯级二断开，%Q0.3 复位。

实验内容

（1）利用计时器指令设计一个占空比可调的脉冲发生程序。当控制触点 %I0.0 接通时，定时器 TON1 开始定时，2s 后其动合触点 TM1.Q 接通，启动定时器 TON2，同时输出继电器 %Q0.0 接通，3s 后 TM2 动断触点断开，定时器 TON1 复位。定时器 TON1 的动合触点断开。输出继电器断电，同时定时器 TON2 复位，再次启动定时器 TON1，重新开始定时，循环下去，直到 %I0.1 动断触点断开。只要改变定时器的时间就可以改变脉冲周期和占空比。

（2）应用定时器指令实现下述报警功能。控制要求是当报警开关 %I0.0 闭合时，要求报警。警灯闪烁，每隔 0.5s 亮一次，灭一次的时间也是 0.5s，警铃响。报警响应开关 %I0.1 接通时，报警灯从闪烁变为长亮，同时报警铃关闭。开关 %I0.2 为警灯测试开关，当它接通，则警灯亮[9]。

3.4.4 ModBus 通信实验

1 硬件组态

（1）打开"EcoStruxure Machine Expert - Basic"软件，新建工程，添加"TM200C16U"，保存项目名称为"传感器串口通信实验 .smbp"。

（2）在配置界面，点击"SL1(串行线路)"进入串口 1 配置界面，协议选择"Modbus Serial IOScanner"，波特率选择"9600"，奇偶检验选择"无"，停止位选择"1"，单击"应用"确认。如图所示。

Modbus 通信参数配置

（3）点击"Modbus Serial IOScanner"，进入"IOScanner"配置界面，协议设置部分，传输模式选择"RTU"，其他默认。设备设置部分，点击"其他"，选择"Genericdevice"，单击"添加"，下列表格会显示新添加的设备。如图所示。单击"初始化请求"下方的图标 □ ，进入初始化请求助手界面，在通道助手界面，单击右键删除初始化请求，点击"确定"。

添加 Modbus 从站

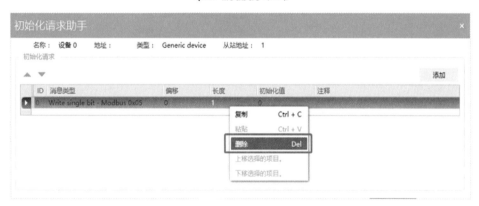

删除初始化通道

（4）在"Modbus Serial IOScanner"配置界面，单击"通道"下方的图标 □ ，进入通道助手界面，再点击"配置"下方的图标 □ ，进入通道 0 配置界面。

通道助手界面

（5）在通道 0 配置界面，消息类型选择"Read multiple words-Modbus 0x03"，代表读取多个保持寄存器地址的值，读取对象偏移设置"0"，长度设置"2"，表示主站读取从站 40001 和 40002 寄存器地址的值，单击"确认"。确认后会显示 5-3-5 的页面，继续单击"确定"，确定后会显示如图所示的页面，单击"应用"，Modbus 硬件配置部分全部结束。

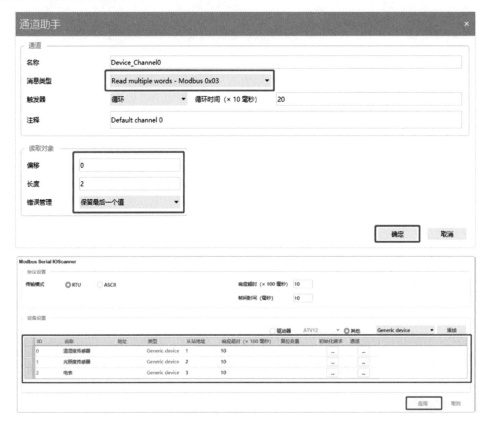

2. 软件编程

在做 Modbus 通信之前，需要用到计时器，来进行 Modbus 设备读取的时序调度。

首先建立一个计时器，时间间隔根据场景需要设定时间单位一般是秒。示例 10s，计数器 Cu 使用系统时钟脉冲，%S6 为 1s 周期脉冲，如果读取频次需要较高，可使用 %S5 为 100ms 周期脉冲。计数器复位使用 %C0.D，计数器自带状态寄存器复位。

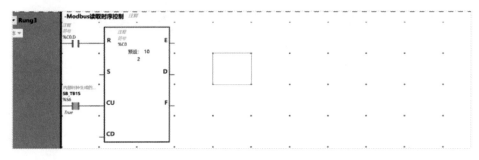

ModBus 读取环境传感器程序。

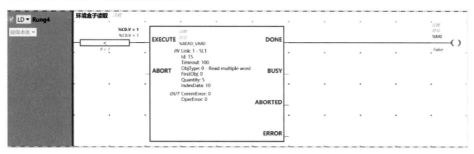

关键参数设定包括环境传感器 id:15，代表设备 Modbus 地址是 15;

Timeout: 100，代表超时 100*10ms=1S;

ObjType: Readmultipleword，即读取多个寄存器 03X;

FirstObj: 0，即从第 0 个寄存器读取;

Quantity: 10，即读取 10 个寄存器;

indexData: 10，代表读取数据从 %mw10 开始存储;

打开动态数据表，输入 %MW10-%MW14 查看读取环境传感器结果;

已使用	跟踪	地址	符号	值	强制	注释
✓		%MW10		9		
✓		%MW11		0		
✓		%MW12		268		
✓		%MW13		475		
✓		%MW14		30		

附: 空气盒子 Modbus 地址表

输入寄存器（03X）	内容
0	PM2.5
1	CO2
2	温度
3	湿度
4	VOC
5	硫化氢（高级版）
6	氨气（高级版）
7	甲醛（高级版）
8	甲烷（高级版）
9	氧气（高级版）
10	软件版本

3.4.5 电机控制实验

电机是工业常见的被控对象，根据电机运行方式可采用相应控制方法，本书采用变频器对电机进行控制，变频器能够通过接收指令，进行启动、停止操作以及转速、转向的调节。程序中对应变频器的寄存器、启动顺序，请参照变频器说明书。实验原理如图所示。

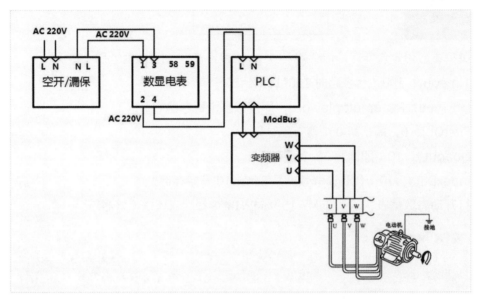

根据 ModBus 通信实验，将 PLC 的 ModBus 接口与变频器接口连接。配置 PLC，设置寄存器读取变频器参数。发送转速信息至变频器，调整电机转速。配置 ModBus 通信。

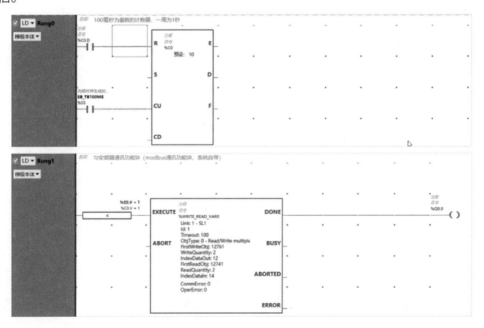

对于采用 ModBus 通信控制的变频器，核心控制方法为向变频器对应寄存器内写指令。下列图中，左侧预留的内部寄存器触点如 MW6：X0，即 MW6 寄存器第一位，可以从云端进行赋值，从而实现远程或边云融合控制。

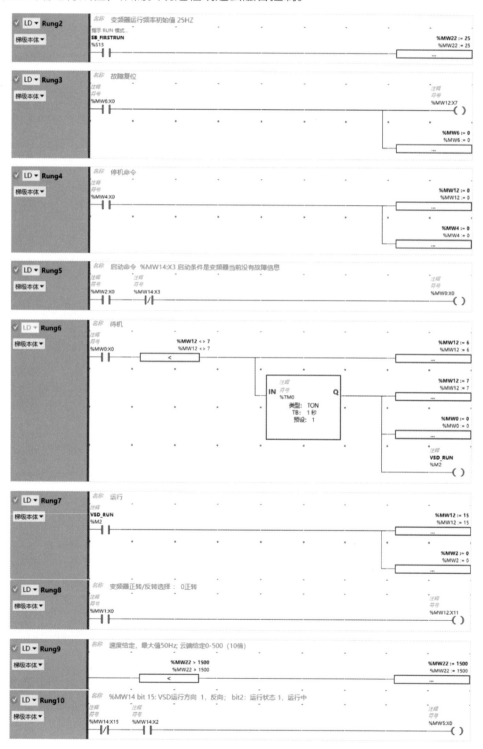

电机启动，将 Rung5 中 MW2：X0 置 1。

电机调速，在左方工具选项卡下，选择动态数据表，添加新的动态数据表，输入 %MW22，选择添加后，在下方显示的表格中，值的单元格即可输入电机转速，如图中为 25，改为 40 则电机转速明显变快。

程序提供了反转等功能，只需将 Rung11 对应触点置 1，可自行尝试。

3.4.6 门禁系统模拟实验

根据 ModBus 通信实验，配置好读卡器地址。读取读卡器 ID 卡信息并与 PLC 寄存器中的预设值进行比较，如相同，则亮灯。实验原理如图所示。

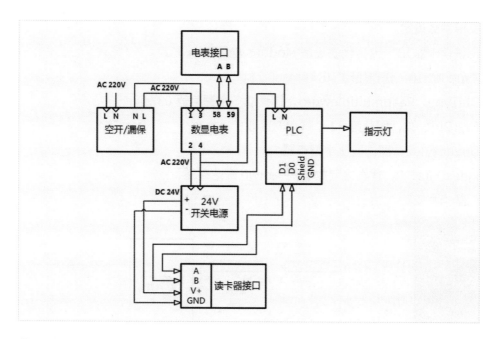

软件编程

建立一个计时器，时间间隔根据场景需要设定时间单位。示例预设 3s，计数器 Cu 使用系统时钟脉冲，%S6 为 1s 周期脉冲，如果读取频次需要较高，可使用 %S5 为 100ms 周期脉冲。计数器复位使用 %C0.D，计数器自带状态寄存器复位。

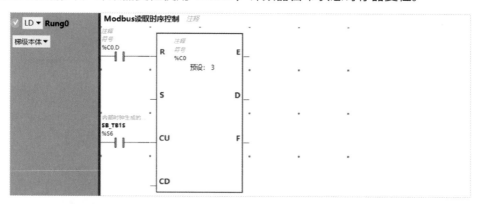

MODBUS 采集读卡器数据。

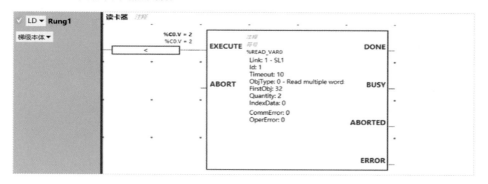

关键参数设定

门禁读卡器 ID：=1，代表设备 Modbus 地址是 1；

Timeout:10，代表超时 10*10ms=0.1S；

ObjType：Readmultipleword，即读取多个寄存器 03X；

FirstObj：32，即从第 32 个寄存器读取；

Quantity：2，即读取 2 个寄存器；

indexData：0，代表读取数据从 %mw0 开始存储；

门禁卡号校验

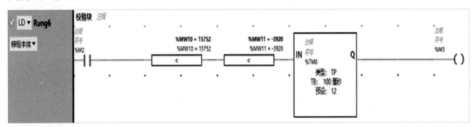

%M2 为以上读写块读取门禁卡数据成功后接通。

%MW10；%MW11；存放了门禁卡的卡号，当门禁卡号与以上比较块中所填数据一致进入跑马灯环节，否则不会输出。

门禁卡校验通过触发跑马灯和云端远程开启跑马灯。

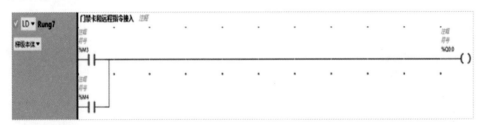

%M3 为门禁卡号校验通过触发信号，信号接入第一盏红色跑马灯亮起。

%M4 为云端远程指令接入触发信号。

自动设置延迟点亮后续跑马灯。

%Q0.0，第一盏跑马灯点亮后延迟 200ms 接通第二盏黄色跑马灯。

%Q0.1，第二盏跑马灯点亮后延迟 200ms 接通第三盏蓝色跑马灯。

%Q0.3，第三盏跑马灯点亮后延迟 200ms 接通第四盏绿色跑马灯。

定时器参数释义

类型：TON，检测到上升沿（TON）时，启动 Timer。

TB：100 毫秒，表示设置的时基。

预设：2，预设 2* 时基 100ms。

4

云端控制——低代码物联网开发平台原理与实验 ▶▶▶

本章讲述云端控制——低代码物联网开发平台原理与实验，要求学生了解 Node-RED 系统，熟悉系统界面，掌握它的模块与节点。进行数据中台与云计算实践，知晓 MQTT 的通信协议原理，最后进行 Node-RED 中控平台设计。

4.1 Node-RED 系统简介

4.1.1 Node-RED 系统简介

Node-RED 是为物联网（IOT）设计应用的强大工具。它主要是为了使"连接"代码块更容易地完成任务。它采用了可视化的编程方式，使得开发者可以把被称作"节点"的预先定义的代码块连接在一起完成任务。当节点相互连接时，它们会产生一种被称为"流"（Flows）的东西，它由输入、过程和输出组成[1]。

2013 年底，IBM 将 Node-RED 作为一个开源项目，以满足公司内部对迅速将各种硬件和设备连接到互联网和许多其他应用的方法的渴望。除了快速增长的用户群，Node-RED 还拥有一个活跃的开发者社区，他们不断增加额外的节点，使开发者有可能在各种不同的设置和场景中重复使用 Node-RED 的代码。

Node-RED 是为了管理在物联网上运行的应用程序而开发的；它能够与现实世界进行通信，并且能够操纵电气设备。另一方面，它现在已经发展成为一个更全面的物联网开发平台[2]。在本章中，我们将研究几个不同的 Node-RED 例子，以协助展示该平台的潜力并解释其原理。你可以先了解一下 Node-RED 的根基和历史，包括它的起源以及它的优势和劣势，从而决定哪些任务适用于 Node-RED。

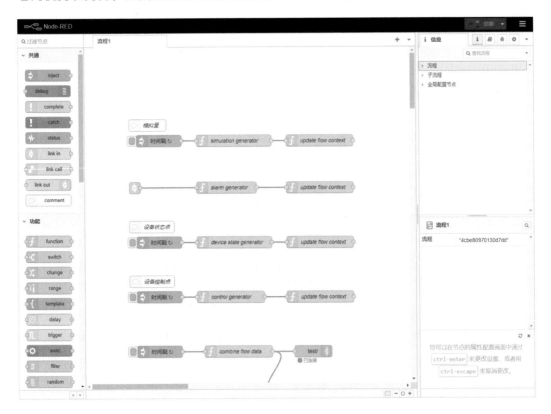

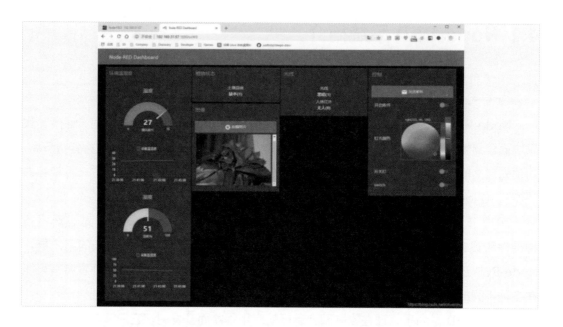

4.1.2 Node-RED 历史

Node-RED 是构建物联网应用程序和服务的强大工具，它产生的主要原因是快速物联网原型应用开发需求。Node-RED 引发是由 IBM 新兴技术组的一个开源项目，特别是通过两研究员 NickO'Leary 和 Dave Conway Jones。他们最初将 Node-RED 作为自己的工具，因为他们正在研究物联网项目，并正在"寻找一种方法来简化一些为客户构建传感器与系统之间连接的概念应用"。

2013 年初，一个初始版本的 Node-RED 作为开源项目发布，并在 2014 年期间建立了一个小型但活跃的用户和开发组。在写作的时候，Node-RED 仍然是一个新兴的技术，但已经看到了许多的开发者、实验者与一些大公司和小公司在尝试使用它开发自己需要的应用。今天有充满活力的用户和开发人员社区，核心致力于 Node-RED 代码本身，同时为流库贡献节点或流。

由于 Node-RED 仍然是一个迅速发展的技术，很多规则可能会迅速改变。这些文章都是基于写在 Node-RED 的 0.16.2 版，部分应用请检查兼容性。

当 IBM 最初开始研究 Node-RED 时，他们考虑的是物联网（IoT），也就是由链接的对象、系统和服务组成的网络。Node-RED 是一个为物联网开发应用的工具，它高效、灵活、快速。其特征来源于以下两方面：

Node-RED 是一种编程范式，通过利用消息、触发器和节点间事件流的结果来显示各种组件的处理。物联网（IoT）的典型应用包括基于真正的事件的特征，并引发一些处理，因此产生实际的行为。Node-RED 将事件封装为消息，可以在流中的任何两个节点之间发送。这是通过使用一种标准化的、简便的方法完成的。

Node-RED 带有预装的节点，这是它的第二个优势。通过创建一个输入和输出节点的集合，每个隐藏的复杂性都与现实的交互作用，Node-RED 的开发者提供了一个稳定的基础，使人们有可能把一个快速的流程放在一起，完成大量的工作，而不必担心编程的细节。这是通过创建一个流程图来实现的。

对于从事物联网（IoT）应用的程序员来说，Node-RED 是一个很好的资源，因为它结合了这些功能。利用这一点，开发人员有能力构建和使用功能节点，它使开发者可以迅速编写 JavaScript。随着 Node-RED 社区继续创建和分享更多的节点，它有可能成为从事物联网项目的开发者最重要的工具之一。

关于 Node-RED 是否是开发物联网应用的最佳技术，存在一些争议。即使它是一个功能强大、适应性强的设备，它也不一定是理想的选择。然而，Node-RED 并不总是理想的解决方案。

物联网的应用程序各自执行一些复杂多样的活动。Node-RED 是一个强大的工具，可以用来在短时间内创建应用程序。它充当了事件和行动以及传感器和执行器之间的连接组织。然而，当应用程序达到一定的规模时，通过 Node-RED 来可视化编程和管理变得非常复杂。有一些功能可以帮助这一点，例如子流（后续会有介绍），但最终 UI 会成为瓶颈。

基于流的编程并不一定是最适合应用程序开发的编程。就像某些编程语言擅长某些任务而不是其他任务一样，基于流的编程也有它的弱点。循环是一个很好的例子：在处理循环时，Node-RED 是很麻烦的。

基于流的编程是一种通用模型，并没有针对特定需求进行针对性优化，例如数据分析或用户界面开发。目前，Node-RED 对这些类型的应用程序没有具体的支持，也没有简单的方法来添加这种支持。显然，Node-RED 的底层技术是 JavaScript，可以利用它的能力来满足这些需求。如果要使用 Node-RED 来做原型开发，可行的方案是再找一种更适合任务语言中实现部分或全部的应用程序，并使用 Node-RED 作为整体控件。

话虽如此，正如在本文中所示，将在后续的文章中分享，Node-RED 是大量物联网应用的强大工具。随着它的发展，它将适应更广泛的环境，并且变得更加复杂和实用。同样重要的是，正如在随后的文章中我们会一起探索 Node-RED，尽管 Node-RED 的根在物联网中，但它仅仅是一个工具，可以用来构建各种各样的应用程序，而不仅仅是物联网应用程序。事实上，在后续的文章中，将看到 Node-RED 被用于 Web 应用程序、社交媒体应用程序、后台集成、IT 任务管理等。

我希望在全文结束后，你所见的 Node-RED，就像我们所做的那样，是一个灵活且功能强大的工具，可以在许多情况下使用，既可以用于原型开发，也可以用于产品级开发。

4.2 Node-RED 系统初识

4.2.1 系统界面

默认 Node-RED 系统通过服务器 1880 端口进行数据交互，打开浏览器地址栏键入网址"http://IP:1880"便会进入 Node-RED 系统。

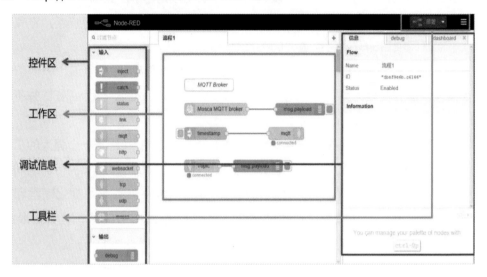

控件区：

我们平时需要用到的控件、函数、代码块等可以在左侧控件区进行选取，按照功能及第三方安装库不同可以分为：通用块、功能块、网络块、输入块、序列块、解析快、存储块等，也可以通过节点安装的方式加入第三方节点。在控件区上方搜索栏处可以搜索需要用到的节点。

工作区：

工作区是我们在进行 Node-RED 编程过程中的常用区域，设计需要用到的节点拖拉至该区域即可实现节点的调用，工作区上一个区域是系统的一个流程，点击工作区右上角可以增加系统流程。在工作区中，程序从左到右、从上到下执行，将两节点前端或后端进行拖拽，可以进行两节点的相互连线。

工具栏：

工具栏位于系统右上角，点击按钮可对系统进行管理操作，并可以对 Node-RED 属性、流程进行配置。如下图所示：

当我们编写完成相关内容后，可点击部署按钮对工程进行部署、修改、重启。具体内容后续详述。

调试信息：

在该区域可以查看本工程的流程信息，并可以进行流程配置与节点配置，对可视界面可进行界面布局的调整与位置分配。具体详见后续详述。

4.2.2 模块与节点

安装 Node-red-dashboard，配合输入节点 inject 和输出节点 debug，讲解其中的每个节点。

1．Button 节点

首先对 dashboard 做简单的设置：

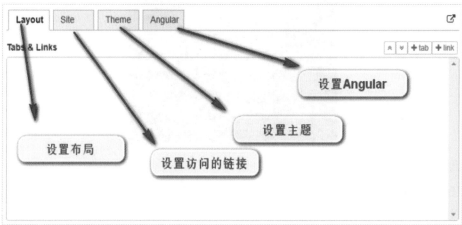

后续因为主题样式颜色没保存，所以显示的还是默认的主题。接下来添加 tab 页面：

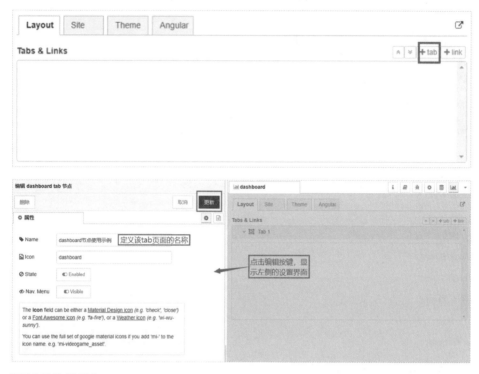

更新后的效果如下：

设置分组：

更新后的效果如下：

设置 button 节点信息：

添加 debug 节点进行调试：

浏览器中输入 http://IP:1880/ui：

点击该按钮后，输出如下信息：

另外的测试：

添加一个 inject 节点：

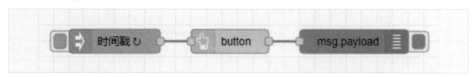

Inject 节点设置：

Button 节点设置：

实现每隔 1s 时就按下一次按钮：

分析：上面截图中的选项表示当接到一条消息的时候，会模拟按下一次按钮。因此每隔 1s 会输出一条消息。

到此，button 节点介绍完毕！

2. dropdown 节点

与 1 中配置类似

点击部署后，UI 界面显示如下：

点击下拉菜单进行选择：

选择后：

分析：其中显示的内容为标签值，当其内容发生变化时，会触发 debug 节点输出下拉菜单对应标签的值。输出的值存放到 msg.payload 对象中，由 debug 节点接收。

其他测试，支持多选操作：

同样，后台以数组的形式输出改变后的值。

下面功能不建议开启，容易造成程序混乱。

→ If msg arrives on input, pass through to output: ☐

到此，dropdown 节点介绍完毕！

3．switch 节点

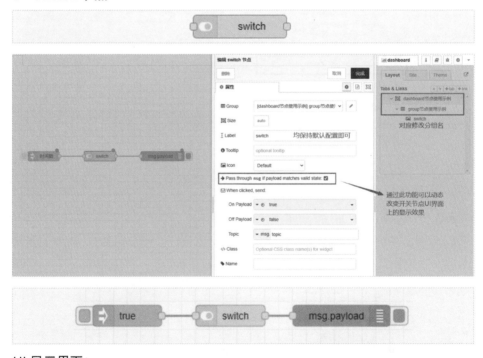

UI 显示界面：

switch 节点状态改变后，后台输出改变后的状态信息：

通过 inject 节点，可动态改变 switch 节点的状态。

inject 节点设置：

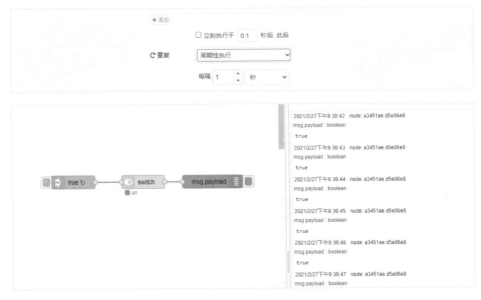

到此，switch 节点介绍完毕！

4．slider 节点

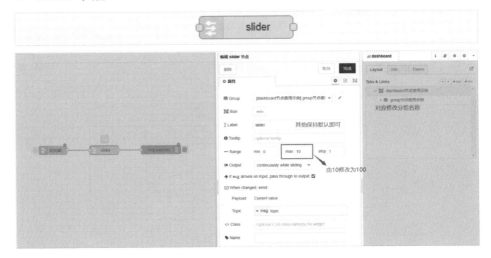

UI 显示界面:

后台输出结果，连续输出

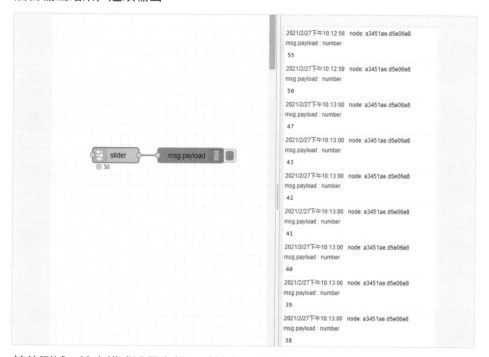

其他测试，输出模式设置为松开后输出：推荐使用

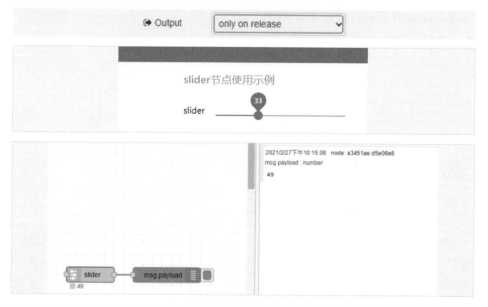

加入 inject 节点动态设置滑动条的值。

到此，slider 节点介绍完毕!

5. numeric 节点

UI 界面，图中 2 个小按钮，每按下一次均为触发 debug 输出数字框的值。

设置选择的值为循环模式，到最小值时又从最大值开始，到最大值时又从最小值开始。

与 slider 节点类似，通过 inject 节点可以设置 numeric 节点值。

到此，numeric 节点介绍完毕！

6．text input 节点

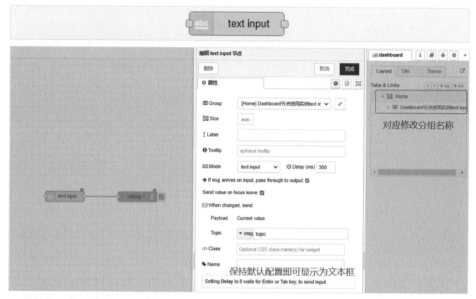

UI 界面：

后台输出，内容改变后触发 debug 节点输出：

也可以设置其他类型的表单元素：如设置为一个颜色选择元素：

点击可以选择颜色：

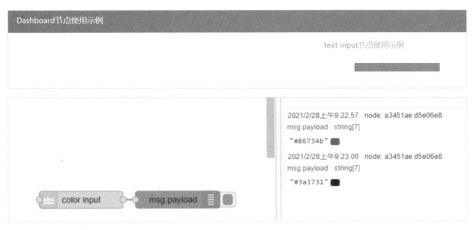

添加 inject 节点：

通过此节点设置 text input 节点的文本值，如果内容相同，则只能设置一次，之后就不再输出消息。

到此，text input 节点介绍完毕！

7．date picker 节点

该节点用法与上 text input 节点类似，因此不再赘述。

添加 inject 节点，可以设置 date picker 节点值。

输入时间戳即可设置此节点的值。

到此，date picker 节点介绍完毕！

8．colour picker 节点

UI 界面：鼠标点击即可选择相应的颜色。

后台输出：

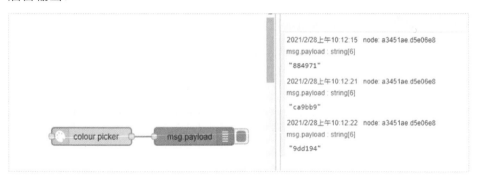

添加 inject 节点：

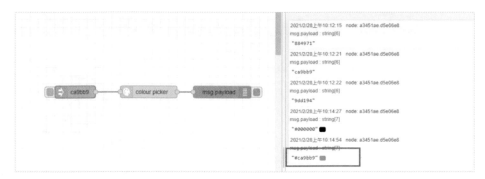

到此，colour picker 节点介绍完毕！

9．form 节点

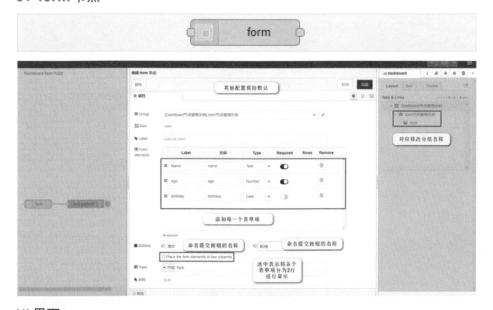

UI 界面：

点击提交按钮后，后台输出以下信息：json 对象。

选择分 2 行显示的功能：

UI 界面如下：

到此，form 节点介绍完毕！

10．text 节点

UI 界面：将时间戳以字符串的形式显示到 text 节点上。

到此，text 节点介绍完毕！

11．gauge 节点（测量节点）

UI 界面：由于超过设定阈值所以显示红色。

设置为 Donut 模式：

UI 界面:

设置为 compass 模式:

UI 界面: 指针式显示

设置模式为 level:

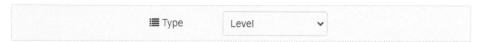

UI 界面: 水桶式显示

到此，gauge 节点介绍完毕!

12. chart 节点（图表节点）

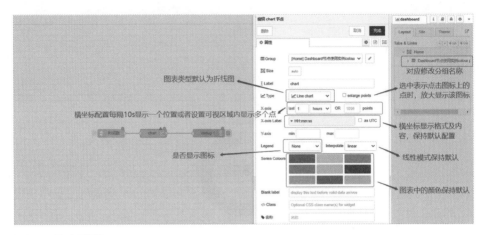

inject 节点设置：

UI 界面：

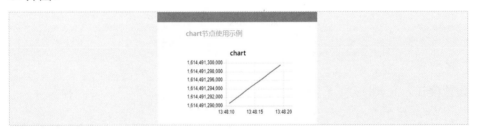

后台输出内容：

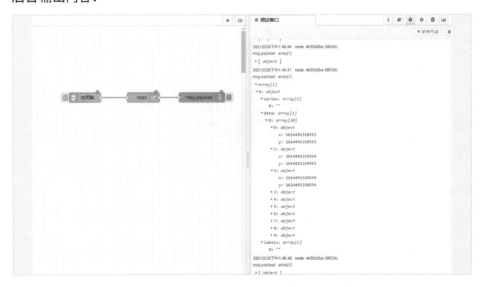

显示 bar 图：

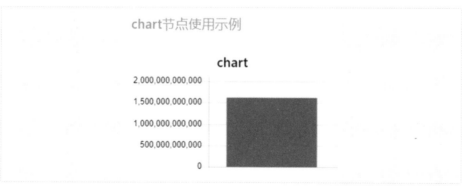

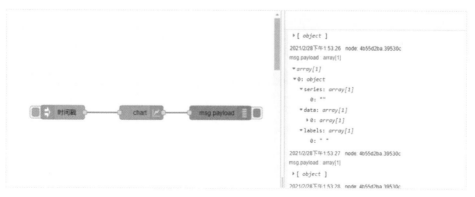

显示 bar 图 2：

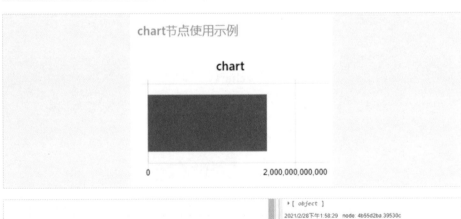

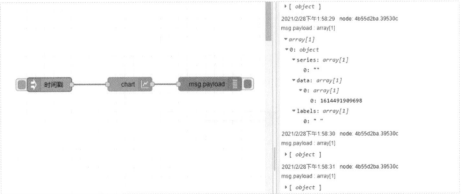

显示饼图：

显示 polar area 图：极地面积图

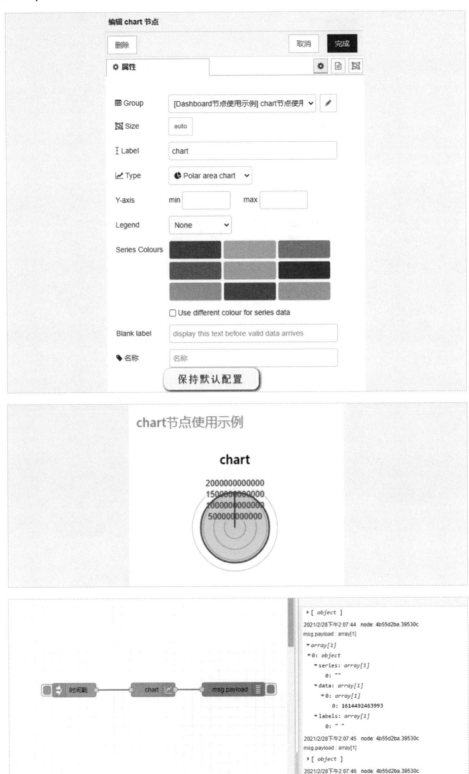

显示 radar 图：雷达图

到此，chart 节点介绍完毕！

13．audio out 节点（音频输出节点）

该节点不常用，不做介绍。

到此，audio out 节点介绍完毕！

14．notification 节点

UI 界面：在右上角位置每隔 2s 显示一次消息：

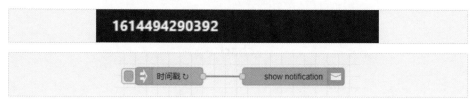

到此，notification 节点介绍完毕！

15．ui control 节点

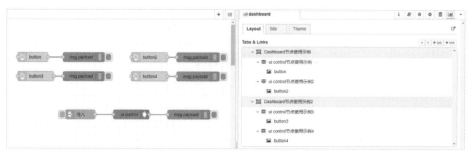

为演示该节点的使用方法，首先建立如下的 tab 和分组：

ui control 节点设置：保持默认配置即可

Inject 节点配置：

分析：表示显示第一个 tab，隐藏第二个 tab。

UI 界面：点击 inject 节点后，只显示其中一个 tab。

到此，ui control 节点介绍完毕！

16．template 节点

inject 节点配置：

UI 显示：每次会将原来显示的内容进行覆盖。

后台输出结果：

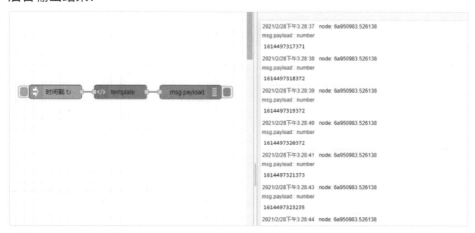

到此，template 节点介绍完毕！

4.3 组态与应用实践

我们现在来用 Node-RED 系统设计一个简单的计算器，并在集中体会 Node-RED 的前端功能。

1. 安装 dashboard 模块

Dashboard 模块是 nodered 系统提供的第三方模组，应用该模组可进行 Node-RED 系统的 UI 设计，提供仪表板节点，可以做出不错的界面效果。

点开"工具栏"—"节点管理"—"控制板"—"安装"，在搜索模块中键入 dashboard。选择"node-red-dashboard"并进行安装。待系统安装完成后，即可在控件区中找到 dashboard 分类。

2. 调用节点组件流程并编辑属性

选择"button"（dashboard）、"text"（dashboard）等节点并放至在工作区中。双击"button"节点对节点属性进行编辑，选择"Group"属性，可点击下拉菜单选定控件所出现的页面和分组。如想要新建页面分组，在"Group"属性中选择"添加新的 ui_group 节点"并点击编辑按钮，对控件所在的页面和工作区间进行编辑。

进入"Group"编辑界面后如下图所示，其中"tab"属性为确定该控件在哪一个页面中，在这里选择"添加新的 ui_tab 节点"并修改为"node-red 实验"，"Name"属性确定控件所在分组，在这里修改为"实验 -1"。"Width"属性为控件占用宽度，可根据需要进行调节，在这里我们选择默认值。修改后如图所示：

点击更新按钮，在上级菜单中会发现"Group"属性也会随之变化，证明我们修改成功。修改"Label"属性为"1"，表明该按钮是计算器中的"1"号键位。将"Payload"属性变更为数字属性，且值变为"1"。该操作可令按钮在按下后，数据流传出数字"1"。"button"控件属性如下图所示：

编辑 button 节点

| 删除 | | 取消 | 完成 |

⚙ 属性   ⚙ 🖹 🔳

▦ Group	[node-red 实验] 实验-1 ▾	✎
🔳 Size	auto
🖼 Icon	optional icon
Label	1
ⓘ Tooltip	optional tooltip
🌢 Color	optional text/icon color
🌢 Background	optional background color

☑ When clicked, send:

| Payload | ▾ ⁰₉ 1 |
| Topic | ▾ msg. topic |

继续添加按钮节点并编辑属性，直至满足计算器的键位设计，在这里，为了方便后续编程，"+" "-" "*" "/" 四个按钮的属性的"Payload"属性不变，为文字列，值变为"+" "-" "*" "/"。调整后如图所示。

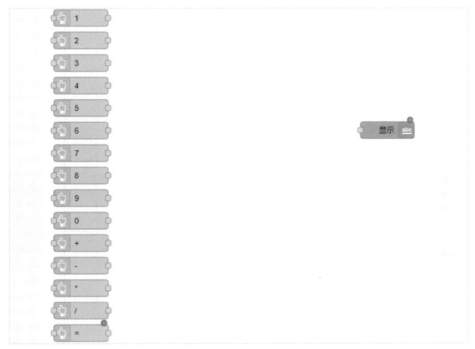

3．计算模块的编写

在工作区调入"function"功能节点，双击后可调出节点的属性界面。该模组可以进行函数编写与数据处理。本实验中，需要对输入进来的数据进行简单的数据累加与加减计算，所以需要进行一定的编程。

在属性中将模块名称改为"计算"。在"设置"选项中进行变量的设置，在这里我们设置了三个全局变量分别是"a""b""flag"。程序如下所示：

```
global.set("a",0)
global.set("b",0)
global.set("flag",0)
```

在属性"函数"选项中进行数据的累加与计算处理，程序如下所示：

```
varc=0
if(msg.payload=="+")
{
        global.set("flag",1)
}
if(msg.payload=="-")
{
        global.set("flag",2)
}
if(msg.payload=="*")
{
        global.set("flag",3)
}
if(msg.payload=="/")
{
        global.set("flag",4)
}

if(global.get("flag")==0)
{
```

```
        global.set("a",(global.get("a")*10+msg.payload))
        c=global.get("a")
}
if(global.get("flag")>0 && msg.payload<10)
{
        global.set("b",(global.get("b")*10+msg.payload))
        c=global.get("b")
}
if(msg.payload=="=")
{
        if(global.get("flag")==1)
        {
                c=global.get("a")+global.get("b")
        }
        if(global.get("flag")==2)
        {
                c=global.get("a")-global.get("b")
        }
        if(global.get("flag")==3)
        {
                c=global.get("a")*global.get("b")
        }
        if(global.get("flag")==4)
        {
                c=global.get("a")/global.get("b")
        }
        global.set("a",0)
        global.set("b",0)
        global.set("flag",0)
}
msg.payload=c.toString()
return msg;
```

在设计完成计算模块后，我们将各个节点间进行连线，这里为了调试较为方便，通常会加入"debug"节点进行数据调教，该模块可连接至任意输出端进行数据查看，本身无其他功能。

连接后的工作区如图所示。点击右上角"部署"按钮即可进行工程内容的部署。

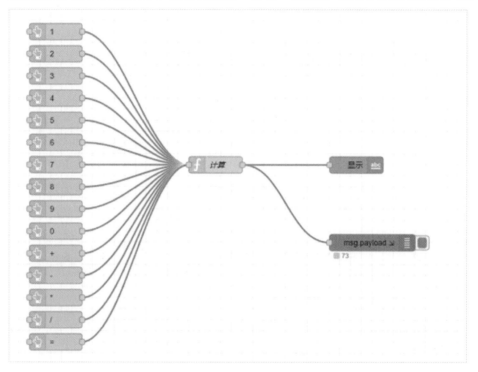

4．前端 UI 设计

在浏览器中键入："IP:1880/ui"即可访问 node-red 平台的前端界面，如下图所示。在下图中，我们可以点击各个按钮来对界面应用进行简单的测试工作。在使用时，会发现有些控件的位置、大小不符合使用者的要求，初始的页面布局也不是很合理，这就需要我们对 UI 进行一定的调整与设计。

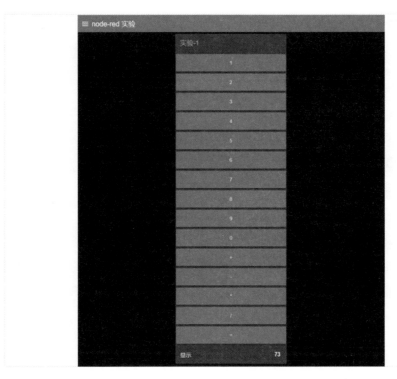

双击"1"按钮节点，在"Size"属性中进行按钮大小的修改，这里我们选择"2*2"大小。"Color""Background"属性中可以进行按钮文字和背板颜色的修改，这里我们修改"Background"属性为"green"。依次修改其他按钮属性。颜色值可参见"CSS颜色名"进行对比与选用。

点击调试信息右上角下拉箭头，选择"dashboard"选项，可以对前端的 UI 布局进行设计，在这里找到 node-red 实验分组，点击"layout"按钮，对页面与布局进行全面的调节。同学们可自行调节 UI 设计界面。

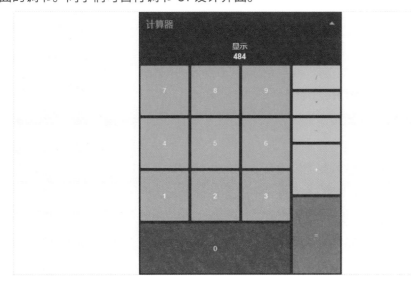

4.4 数据中台与云计算实践

在上一节中，我们对 Node-RED 中控平台进行了简单的使用，并设计了一个简单的计算器帮助使用者了解 Node-RED 的使用方法。这一节中，我们将会基于《tenlink 工业互联网核心套件》进行监控系统的设计。

4.4.1 MQTT 协议原理

1. MQTT 协议

MQTT 是消息队列遥测传输的缩写，由 IBM 在 1999 年首次提出。这个轻量级通信协议的当前版本是 V3.1.1，它是建立在 TCP/IP 协议之上的。[3]MQTT 是基于发布 / 订阅架构的。MQTT 主要优势是它能够成功地将实时信息传输给远程设备，而所需的编码和数据传输量却很少。由于 MQTT 作为一个轻量级和低带宽的即时通讯协议的适应性，它在许多方面都有广泛的应用。这些情况包括物联网（IoT）、嵌入式系统、移动应用等。

在物联网的发展中，还有其他可以替代 MQTT 的协议，包括 XMPP 和 CoAP。

2.MQTT 在协议栈的哪一层运作?

TCP/IP 参考模型总共由四层组成：应用层、传输层、网络层和链接层。应用层一般使用 HTTP、FTP、SSH 等其他协议；一般在传输层会使用 TCP、UDP 等传输协议；然而 MQTT 是基于可以访问在任何 TCP/IP 堆栈的环境中使用的传输协议，因为它是一个基于 TCP 的应用协议，可以适用于各种网络环境且可以在各层之间实现数据传输。MQTT 的核心思想是适用于物联网且能够实现方便快捷的应用。

3．MQTT 消息格式

MQTT 命令消息不仅包含固定标头，有些消息除了固定标头之外，还包含可变标头和负载。以下是消息的格式，应该是这样的：

固定报文头 | 可变报文头 | 负荷

4．固定报头（Fixed Header）

MQTT 固定报头需要至少两个字节才能正常工作。消息类型标志位和 QoS 级别等标志位都包含在数据的第一个字节中。剩余长度字段从第二个字节开始，表示还有多少可变头和后续的消息负载需要发送。它的长度可以高达四个字节，也可以少到一个字节。

其余的字段单字节的最大值是 0b0111 1111，16 进制表示是 0x7F。也就是说，一个单字节的最大容量可以代表最多 127 个字节的长度。这就是可以描述的最大长度。为什么不是 256？如果单个字节的第八位被赋予了 1 的值，它在 MQTT 协议中的功能是"延续位"。这个位预示着在当前的字节之后还将发送更多的字节。

例如，数字 64 被编码为一个字节，或十进制的 64 和十六进制的 0x7F。然而，数字 321（65+2×128）被编码为两个字节，重要性从低到高排序。第一个字节被编码为 65+128=193（0xC1），第二个字节被编码为 2（0x02），表示为 2x128。

因为 MQTT 协议只允许最多四个字节的剩余长度（见下表），所以最大的消息大小是 256MB 而不是 512MB。此外，最后一个字节只能是 0x7F 而不是 0xFF。

Dights	From	To
1	0 (0x00)	127 (0x7F)
2	128 (0x80,0x01)	16 383 (0xFF,0x7F)
3	16 384 (0x80,0x80,0x01)	2 097 151 (0xFF,0xFF,0x7F)
4	2 097 152 (0x80,0x80,0x80,0x01)	268 435 455 (0xFF,0xFF,0xFF,0x7F)

5．可变报头（Variable Header）

变量报头是保存若干信息的地方，如协议、版本、连接标志、心跳间隔时间、连接返回代码和主题名称。本节将重点介绍主题的基本情况。

6．有效负荷（Payload）

"payload"直译为负荷时，可能会导致一些误解，实际上可以将它理解为消息主题。

MQTT 在其传输中带有负荷，无论所发送的消息是 CONNECT、PUBLISH、SUBSCRIBE、SUBACK 还是 UNSUBSCRIBE。

7．MQTT 的主要特性

MQTT 的消息类型（Message Type）：

固定消息头的第一个字节用于记录连接标志，这些标志需要用来区分不同种类的 MQTT 消息，并保留在消息头中。MQTT 协议能够容纳总共 14 种不同的消息类型。这些消息类型包括连接和终止、发布和订阅、QoS 2 消息模式，以及各种确认 ACK。每个消息类型所承载的信息在此将不再赘述。

类型名称	类型值	流动方向	报文说明
Reservrd	0	禁止	保留
CONNECT	1	客户端到服务器	发起连接
CONNACK	2	服务端到客户端	连接确认
PUBLISH	3	两个方向都允许	发布消息
PUBACK	4	两个方向都允许	Qos1消息确认

类型名称	类型值	流动方向	报文说明
PUBREC	5	两个方向都允许	Qos1消息回执（保证交付第一步）
PUBREL	6	两个方向都允许	Qos1消息释放（保证交付第二步）
PUBCOMP	7	两个方向都允许	Qos1消息完成（保证交付第三步）
SUBSCRIBE	8	客户端到服务端	订阅请求
SUBACK	9	服务端到客户端	订阅确认
UNSUBSCRIBE	10	客户端到服务端	取消订阅
UNSUBACK	11	服务端到客户端	取消订阅确认
PINGREQ	12	客户端到服务端	心跳请求
PINGRESP	13	服务端到客户端	心跳响应
DISCONNECT	14	客户端到服务端	断开连接
Reserved	15	禁止	保留

消息质量（QoS）：

MQTT 消息质量有三个等级，QoS 0、QoS 1 和 QoS 2。

QoS 0：最多分发一次。消息的传递完全依赖底层的 TCP/IP 网络，协议里没有定义应答和重试，消息要么只会到达服务端一次，要么根本没有到达。

QoS 1：至少分发一次。服务器的消息接收由 PUBACK 消息进行确认，如果通信链路或发送设备异常，或者指定时间内没有收到确认消息，发送端会重发这条在消息头中设置了 DUP 位的消息。

QoS 2：只分发一次。这是最高级别的消息传递，消息丢失和重复都是不可接受的，使用这个服务质量等级会有额外的开销。

通过下面的例子可以更深刻的理解上面三个传输质量等级。

以目前流行的共享单车的智能锁为例，智能锁可以使用 QoS 0 级质量消息，要求服务器定期发送单车的当前位置。如果服务器没有收到该消息，则会在一段时间后重新发送。智能锁作为固定共享单车的一种手段正变得越来越流行。然后，用户可以选择利用 QoS 一级质量的消息，以便在他找到自行车时解锁；在这种情况下，移动应用程序将反复向自行车锁发送解锁消息，以增加其中至少一个消息到达锁和解锁自行车的可能性。当用户在完成骑行后准备提交付款时，他们可以利用 QoS 2 级质量消息，将数据传输限制在一个实例中。保证用户只付一次钱。

遗愿标志（Will Flag）：

Will Flag、Will QoS 和 Will Retain Flag 是包含在可适应消息头的连接标志字段内的三个标志位。这个字段有时被称为连接标志字段。这些 Will 字段用于跟踪客户端和服务器之间的有效互动情况。如果 Will 标志被设置，Will QoS 和 Will Retain 标志位，以及 Will Topic 和 Will Message 字段，需要包含在消息正文中。如果 Will 标志没有设置，这些字段是可选的。

Will Flag 有什么作用呢？如果感受到异常或者客户端心跳超时时，MQTT 服务器会替客户端发布一个 Will 消息。同时，客户端发送的 DISCONNECT 消息不会促使服务器发送 Will 消息。

因此，如果用户想在设备离线时得到通知，他们可以使用 Will 字段来提出这个请求。

连接保活心跳机制（Keep Alive Timer）：

MQTT 客户端有能力选择一个心跳间隔（也被称为 Keep Alive Timer），在这个间隔内他们将传送一个消息。PINGREQ 是一个由客户端启动的消息，而 PINGRESP 是一个由服务器响应 PINGREQ 而启动的消息。如果服务器在 1.5 个心跳间隔后还没有收到客户的任何消息，它将终止与客户的连接。如果这个数字是 0，这意味着客户端仍在连接心跳间隔时间最大值大约可以设置为 18 个小时。

4.4.2 Node-RED 中控平台设计

在数据中心的内网中，TenCloud 数据平台服务器安装准备说明，在数据中心，分配两台主机资源（如果资源不够，一台也可以）。

两台服务器需要的操作系统为 linux CentOS7.2、64 位、处理器 4 核，8Gram，2T 硬盘存储。

在两台服务器上分别安装下列服务程序：Firewalld、Java 8 OpenJDK、OpenSSL、Mysql 5.7、Mongodb 4、Keepalived、TJCloud 数据平台、数据存储服务程序。中台功能如下所示：

	用户管理	用户权接入管理	支持用户创建、修改、删除；统一由信息化管理员来进行操作；用户用来管理该用户所属的项目、设备、话题；
	项目管理	用户项目拓扑管理	支持项目新建、修改、删除；新建内容包括项目名称、是否采集数据、是否采集所有数据、备注；项目所属设备及话题关系管理，支持excel导出；
	■设备管理	设备基本信息管理	支持设备创建、修改、删除；新建设备包括设备类型、名称、型号、imei号、ID、是否采集数据、节点号、负载长度、负载类型、备注等；
		设备型号管理	设备大类管理；平台分类管理；设备型号名称；数据格式；格式定义；备注；
		设备点号表管理	设备型号；序号；寄存器类型；寄存器名称；IO名称；IO端口号；数据类型；字节长度；数据精度；是否存在负值；计算公式；固定值选择；数据单位；数值下
■IOT数据中台	话题管理	话题管理	支持话题新建、修改、删除话题；访问类型；外部用户访问标志；支持批量添加；支持话题关联设备管理；
	IOT账号管理	IOT设备登录平台账号管理	该功能在用户项目目录下；支持用户为所属项目新建IOT设备账号，支持新建、修改、删除；支持用户明、密码设定；支持批量添加；支持上报、下发权限控制；支持设备话题绑定；
	设备权限管理	IOT设备收发数据权限管理	支持设备话题发送、接收、发送和接收三种权限管理；
	在线用户管理	在线设备监测	能够显示在线客户端ID、登录用户名、IP地址、端口号、上线时间；
	■告警管理	告警设置	告警设置
		当前告警	当前告警
	■API管理		支持.net、c、java、phyton、安卓、IOS、小程序；接口文档、及demo从官网下载；
	■数据字典	数据字典管理	支持自定义设备名称、类型、数据种类、形成标准数字话设备模板；

防火墙对外开放的服务端口：9443/TCP、18084/TCP、1883/TCP、8883/TCP、8083/TCP、8084/TCP。其中端口 9443、18084、8883、8084 为加密访问端口。

两台服务器需要 3 个内网 IP 地址和一个公网 IP 地址。内网 IP 除两台服务器各自的 IP 地址外，还会使用一个 IP 用作虚拟 IP 地址，3 个 IP 地址需相互都能访问到，建议处于同一网段。1 个公网 IP 对外提供服务，将虚拟 IP 上的端口映射到公网 IP 的端口上[4]。

如果条件允许，提供分配远程登录账号和密码，登录后可以访问这两台服务器。服务器可以访问外网，方便下载安装服务程序。登录后进入"项目物联网账号管理"账号用来登录 IOT 中台。

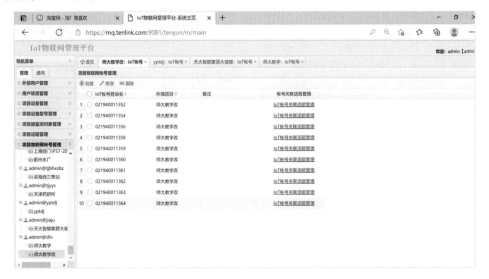

创建账号、密码

（1）选择设备所属的账户，没有可以新建。新建规则，sim 卡号最后 12 位用作用户名；sim 卡后 8 位用作密码。

（2）账号建立后可以通过 mqttbox 测试：

创建订阅、发布话题

新建话题，发布话题用于监测设备状态，命名规则"12 位 sim 卡号"+"/p"；订阅话题用于控制设备，命名规则"12 位 sim 卡号"+"/s"；打开项目话题管理，找到所属账号，点击创建。

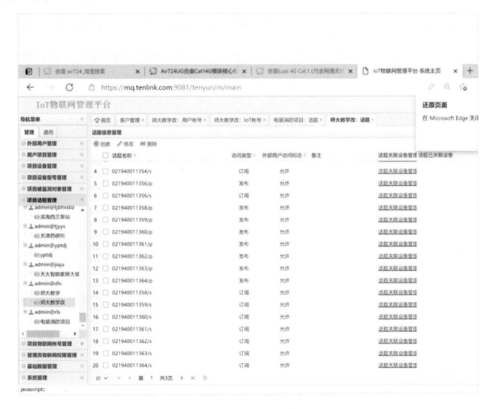

设备与话题绑定

打开项目物联网账号管理界面，找到对应设备账号。

点击 IOT 账号话题关联管理。

从备选话题列表中选择关联的"订阅""发布"话题。

点击保存完成绑定。

备注：如果要删除账号，需要先解绑话题。

MQTT Box 测试工具

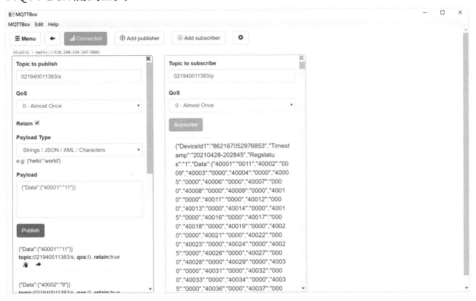

PLC 账号、密码、IP 地址、端口号配置。

详见（PLC-4G 插卡配置）。

Node-RED 界面调用

在工作区中调用"mqtt in""mqtt out""debug"节点，连接"mqtt in"与"debug"节点并对其进行属性设置。双击"mqtt in"节点，编辑服务端和主题。选择服务端右边的编辑按钮，编辑 mqtt 服务端的端口，"mqtt in"节点输出的话选择 JSON 容易解析。

编辑完成后进行部署测试，可以得到"mqtt in"显示连接中状态，并在"debug"节点处可以观察客户端发送的 MQTT 信息负荷，表明数据流已经交互成功。

5

人工智能
原理与实验 ▶▶▶

　　本章使学生了解工业大数据与智能工厂，包括工业大数据与制造业转型、大数据打造的智能工厂以及相关应用。介绍人工智能与机器学习的概念、原理与应用，以 kmeans 聚类与 BP 神经网络为例，运用机器学习与智能算法解决实际问题。介绍图像处理的概念、原理与应用，主要包括图像处理基本步骤、常用方法等，并实现对简单图像的识别。最后，还进行了人工智能模式识别实践。

5.1 引言：智能工厂

本节介绍工业大数据与智能工厂，包括工业大数据与制造业转型、大数据打造的智能工厂以及相关应用。

5.1.1 工业大数据引领制造业转型发展

第一次工业革命（蒸汽技术革命）是由 18 世纪机械制造设备（蒸汽机）的引入开始的，解决了人力低下和动能不足的矛盾。第二次工业革命（电力技术革命让人类进入了"电气时代"）的开端是 20 世纪初电气化和自动化，其解决了规模化和生产成本之间的矛盾。第三次工业革命（计算机及信息技术革命）是 20 世纪 70 年代兴起的信息化，由自动化取代人类的重复性劳动，加工精度和产品质量提高，人和人之间的交流更高效。而第四次工业革命，即工业 4.0，是实体物理世界和虚拟网络世界融合，缓解的矛盾有规模化与定制化之间的矛盾、个性与共性之间的矛盾、宏观和微观之间的矛盾。

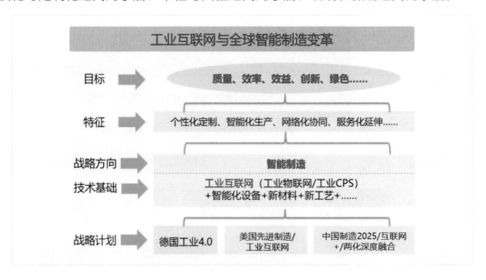

美国与德国工业大数据战略对比分析

	美国	德国
目的	发挥其传统信息行业的国家优势，进一步提升面向终端用户的体系性服务能力	发挥其传统的装备设计与制造的国家优势，进一步提升产品市场适应力与配套服务能力
方向	注重智能服务	注重智能制造
对象	系统工程、工业互联网	工业装备
关注点	涉及全产业链与生态链的技术、产品、服务成体系应用能力提升，即智能化体系服务能力及顾客价值创造	涉及供应链的设备产品制造、销售、售后服务能力提升，即智能化生产制造能力

续表

	美国	德国
手段	以 CPS 和物联网技术为核心，重点在以智能设备、大数据分析和互联网为基础的智能化服务等方面	以 CPPS (cyber physical production system) 和物联网技术为核心，重点在设备的自动化和生产流程管理等方面
目标	实现面向用户服务链与价值链的一站式创新服务	实现面向产品制造流程和供应链的一站式服务
典型企业	GE、IBM、Cisco 等专注供应集成设备服务和系统性服务解决方案的工业公司或组织	西门子、博世、SAP 等专注工业自动化、制造设备研发、公司资产管理的工业公司
借鉴意义	面向工业应用和工业大数据分析与面向集群/社区网络的传统大数据分析相结合，实现从设备、系统、集群到社区智能化的有效整合，为用户提供全产业、全寿命周期的服务	纵向智能化与横向的服务相结合，通过全产业链的信息融合实现价值链的协同优化，创造一个高灵敏度、高透明度和高整合度的智能生产系统

中国制造 2025

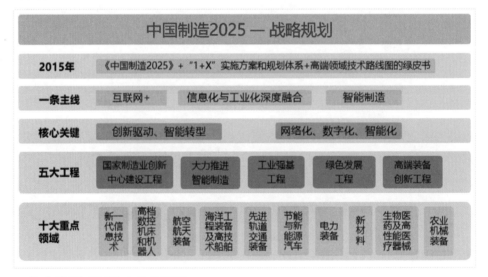

工业大数据对制造企业的影响：

（1）创新运营模式

通过建立相对统一的网络数据平台、信息应用平台、数据管理体系和企业经营分析模型，准确掌握企业管理运营情况，及时作出调整；实现数据的充分共享和实现扁平化管理，增强管控效果，提高企业信息资源总体利用效率。

（2）提升服务水平

以客户价值来判定市场需求，从"以产品为中心"向"以客户为中心"过渡，真正做到让客户满意；利用大数据分析技术，帮助企业更加专注、高效、精准化的分析市场，提高对市场的快速反应能力，提高客户满意度，从而提升服务水平。

（3）智能制造

由于对商业生产中使用的大数据进行分析和挖掘，管理流程得以优化，以前以经验证据为基础的初级管理风格得以演变为以数据为驱动的精致管理风格。这些信息包括生产、质量和过程数据，都经过了使用数据挖掘、控制和优化技术的科学检查[1]。

生产方式、生产流程、生产工具都将发生翻天覆地的变化，以前无法生产的产品和无法实现的功能将得到突破，基于网络的创新将释放整个社会的能量，大数据将对一个企业的许多领域产生重大影响，包括营销、销售、生产[2]。大数据还可以优化产业链中每个环节的效率。实时的数据收集、准确的抓取、深度挖掘、分析和优化都可能有益于整个工业部门。

工业 4.0 将成为制造业组织发展战略中日益重要的因素。由于资源和环境压力的增加，以及人力成本的增长，制造业正面临一系列新的挑战。正因为如此，传统制造业要想与时俱进，必须经历一段转型和现代化的时期，而智能工厂和智能生产为这一过程提供了路线图。随着自动控制技术、机器人技术和数字信息技术的进步，制造业开始改变其生产方法。这一转变是由许多因素造成的。利用大数据技术和信息技术整合企业资源，创新企业发展，改变企业经营方式，是帮助企业实现转型升级的途径之一。这可以通过改变企业的运作方式来实现，这也将有助于为进入工业 4.0 时代奠定基础[3]。

5.1.2 工业 4.0 环境下的大数据价值体系

工业大数据自身的特点和挑战：

（1）多源性获取

创建工业大数据的一些来源包括来自位于产品生产站点的工业控制网络的监控数据，来自互联网的客户和供应商数据，以及来自公司内部网的运营和管理数据。

表达语义很困难，而且要有效地集成包含多个信息源和信息类的大量异构数据集要困难得多。

（2）数据关联性强

整个产品生命周期、公司所有者的价值链等方面，都是大数据生产和工业应用的核心。分析的准确性和数据的一致性都是相当高的质量。

不仅要利用大数据给出决策，还要用大数据给出决策依据。

（3）动态时空特性

工业大数据对实时性、连续性和稳定性的强烈需求，以及其他特征，要求在数据收集、存储和管理方面采用可靠的技术，以便有效地处理数据。这些数据是由工业部门使用的控制网络和传感器设备收集的。

工业大数据分析具有实时性要求高、动态控制复杂、量化困难等特点。

互联网大数据与工业大数据的对比分析：

	互联网大数据	工业大数据
数据量需求	大量样本数	尽可能全面地使用样本
数据质量要求	较低	较高，需要对数据质量进行预判和修复
对数据属性意义的解读	不考虑属性的意义，只分析统计显著性	强调特征之间的物理关联
分析手段	以统计分析为主，通过挖掘样本中各个属性之间的相关性进行预测	具有一定逻辑的流水线式数据流分析手段。强调跨学科技术的融合，包括数学、物理、机器学习、控制、人工智能等
分析结果准确性要求	较低	较高

互联网大数据与几个行业大数据的比较研究

5.1.3 工业大数据的典型应用领域

（1）故障诊断与预测

无所不在的传感器、互联网技术的引入使得产品故障实时监测与诊断变为现实。大数据的应用、建模与仿真技术则使得预测动态性成为可能。

（2）生产过程优化控制

利用大数据技术，对生产过程建立虚拟模型，合理控制过程参数并优化生产流程。利用大数据技术可以实现用电量分析、能耗分析、质量事故分析等。

（3）供应链分析与优化

通过大数据提前分析和预测各地商品需求量，从而提高配送和仓储的效能。将带来仓储、配送、销售效率的大幅提升和成本的大幅下降。

（4）销售预测与需求管理

通过大数据来分析当前需求变化和组合形式。对产品开发方面，通过消费人群的关注点进行产品功能、性能的调整。

（5）生产计划与排产

考虑产能约束、人员技能约束、物料可用约束、工装模具约束，通过智能的优化算法，制定预计划排产；监控计划与现场实际的偏差，动态的调整计划排产。

（6）产品质量管理与分析

通过对历史检测大数据进行分析，可以帮助企业提升产品质量。实现质量缺陷的可追溯。

5.2 人工智能与机器学习

介绍人工智能与机器学习的概念、原理与应用，以 kmeans 聚类与 BP 神经网络为例，运用机器学习与智能算法解决实际问题。

5.2.1 什么是人工智能

人类的自然智能伴随着人类活动无时不在、无处不在。诸如解决问题、下国际象棋、猜谜语、写作、计划和编程，甚至驾驶机动车或自行车等任务都是需要人类执行者具有一定的精神敏锐度的活动。其他的例子包括：如果一台机器至少能够完成这些任务中的一部分，那么我们就可以称这台机器为"人工智能"。开发具有计算、思考和其他认知功能的智能机器一直是人类的长期目标，而这一目标的实现必然会导致这一不可避免的后果的产生。信息论、控制论、系统工程理论、计算机科学、心理学、神经科学、认知科学、数学和哲学等领域都在概念上相互作用，发展了这一领域。信息论就是这样一个领域。这是由于电子计算机和其他形式的电子技术的普遍使用而成为可能的，它们提供了物质和技术基础。

那么什么是人的智能？什么又是人工智能？人类智能和机器智能在哪些方面有可比性或不同点，两者之间有什么联系？理解人工智能 (AI) 需要各种领域的先验知识。这些概念的基本形式离不开信息、知识、认知或智能。不难看出，这些概念是如何让我们更接近人工智能的。让我们先来定义一下我们所说的"信息"是什么意思。宇宙由三种基本的东西组成：信息、物质和能量。物质和能量不是人们马上就能知道的；相反，人们是通过对物质和能量的理解来认识物质和能量的。理解是由人类的认知通过以下方式产生的：首先，神经系统接收来自感官的数据，然后大脑处理这些数据产生理解。使用符号组织事实和识别现象之间联系的过程被称为认知。对认知的研究使研究人员能够更深入地探讨在实践中是什么构成知识和智力的问题。

在数据中看到模式的能力是构建知识的基础。知识是连接不同类型事实的纽带。建筑的基本组成部分包括数据处理、解释、选择和转换。关于智力，还没有一个被大家广泛认可的科学定义。智力可以被定义为一个人一生中对不同挑战和环境的一般心理适应能力。Terman：当你说智力是抽象思考的能力时，你说得很好。根据 Buckinghan 的说法，智力最基本的组成部分是理解力。智力，一句话，被理解为一个人的认知才能的总和，特别强调这个人解决问题的能力，他们的抽象能力，他们的学习能力，以及他们面对变化的灵活性。

当试图从一般意义上定义智力时，经常使用以下等式：智力 = 知识基础 + 智力。因此，智力可以总结为有效利用一个人所积累的知识的能力。学习、推理和建立联系的能力是智力的基石。当我们谈论人工智能时，我们简单地用这个术语来称呼它。要想出真正的意思需要花很多心思。计算机科学的这个分支领域研究使用技术来模拟或实现人类智能[4]。多年来，人工智能的这一定义得到了许多其他著名人工智能研究人员的认同。1981 年，Feiganbum.E 提出："人工智能是计算机科学的一个分支，研究设计具有智能特征的智能计算机系统，这些特征通常与人类行为联系在一起，如理解语言、学习、推理、解决问题等。"1983 年，Elaine Rich 将人工智能定义为"如何让计算机复制人脑，参与推理、规划、设计、思考、学习和其他认知过程，并解决迄今为止被认为是由专家处理的复杂问题"的研究。Michael 和 Nils J. Nilsson 在 1987 年将人工智能定义为"智能行为的研究"，有两个截然不同的定义："人工智能是对智能行为的研究"和"智能行为是对智能行为的研究。"

创造人工智能机器人是人工智能研发的首要重点。"如果某个问题在计算机上没有解决，那么这个问题就是人工智能问题"是人工智能 (AI) 的常见定义。这是因为已经解决的问题通常都有相应的模型和技术，这些模型和技术可以应用于其他问题。

正因为如此，人工智能永远是一个深奥而永无止境的追求目标。

5.2.2　机器学习与模式识别

机器学习的主要重点是学习算法，因为这些算法真正创建了在整个过程中使用的"模型"。学习算法的训练包括向它提供信息（数据），然后算法在数据的基础上建立模型，然后在遇到新情况时使用这些模型进行判断。模式识别涉及的过程如下：

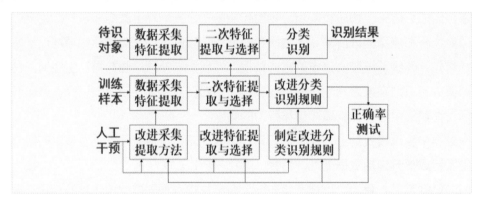

(1) 信息获取

由于需要识别的样本往往由非电信息组成，如癌细胞病理切片、语音信号、需要识别的文本、照片等，因此传感器必须将这些不同类型的信息转化为电信号。当声音信号通过麦克风转换成电信号时，电压波形也被称为电流波形，它是复杂的，会随时间变化。来自场景的数据被相机捕获，然后转换成只有二维的像素矩阵。物体表面反射的光或颜色信息的数量以某种方式与每个像素产生的电信号相连，像素是矩阵元素之一。因此，为了成功地进行信息收集和媒体转换，多个传感器被用作信号采集环节的一个不可或缺的组件。

（2）预处理

在实际使用任何数据之前进行的过程通常被称为"预处理"，通常用来描述这样的阶段。这些活动可能包括过滤掉不重要的信息，放大相关数据，或者大体上清理原始数据。

预处理这个环节的内容很广泛，与要解决的具体问题有关，例如，从图像中将汽车车牌的号码识别出来，就需要先将车牌从图像中找出来，再对车牌进行划分，将每个数字分别划分开。做到这一步以后，才能对每个数字进行识别。以上工作都应该在预处理阶段完成。

（3）特征选择和提取

这个环节包含了很多信息，在不同场合有不同的含义。将收集到的原始测量数据转换为更准确地描述被分类事物本质的特征表示通常是[5]过程中包含的一个步骤。在完成必要的预处理之后，测量数据，如二维图像中每个像素的灰度值或从声波转换而来的电信号，都通过该连接进行传输。这样做是为了收集数据以便进一步分析。尽管信息存在于这些数据中，但它们的格式通常不是分类器可以立即利用的。来自测量的原始数据由一个称为特征提取的模块处理，然后该模块向分类器提供信息，分类器可以使用这些信息得出关于样本分类的结论。如前所述，识别样本和模式在特征空间中进行表征，特征空间也是识别和训练操作的位置。利用特征空间对识别系统进行训练。最初由测量设备或传感器收集的原始数据构成了测量空间。因此，负责特征选择和提取的模块的职责是将从测量空间获得的数据更改为特征空间。

选择和提取特征的目的都是为了以最准确的方式定义一个项目，以便以尽可能准确的方式区分它。

5.2.3 神经网络

（1）什么是神经网络？

1）神经网络是一个大型并行分布式处理器，具有存储经验知识和使之可用的特性。神经网络是由基本的处理组件组成的。

2）神经网络可以被认为是大脑模拟器的两种不同的方法，如下：

a. 神经网络能够获得关于它们所处环境的知识。

b. 信息以突触权重的形式保存，这种形式量化了大脑中神经元彼此连接的程度。

3）学习算法通过有序地修改系统权值以匹配设计定义的标准来结束学习过程。这些调整是为了确保最终结果满足所有的要求。神经网络的设计可以根据特定的需要进行调整突触权值的修改提供了神经网络的一种设计方法。

神经网络拥有以下六个基本特征：

1）神经元及其连接；

2）神经元之间存在的连接的鲁棒性与发送的信号的大小直接相关；

3）神经元之间的突触连接强度可能会随着反复练习而改变；

4）信号可以是起刺激作用的，也可以是起抑制作用的；

5）神经元的状态是由它所接收到的信息的积累来定义的；

6）有可能为每个神经元建立一个"阈值"。

（2）人工神经网络组成：

人将人工神经元网络概念化的一种方法是作为一个有向图，节点代表单个人工神经元，它们之间的连接采用有向加权弧的形式。在人工神经网络中，神经元通常被描述为具有大量输入和单一输出的非线性阈值装置。这种装置有几种输入：

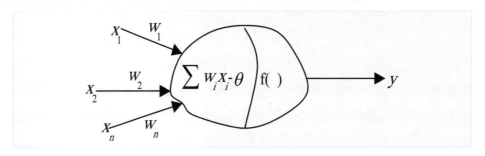

非线性阈值器件

由多个神经元连接在一起，就形成了具有学习能力的人工神经网络：

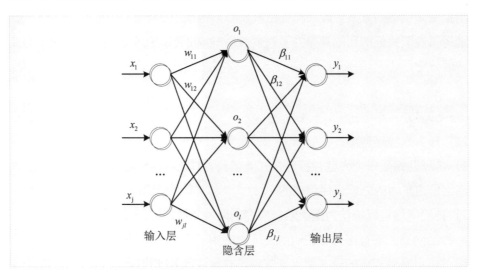

单隐含层前馈神经网络（SLFN）结构图[4]

以 BPNN 为例，讲解神经网络的学习过程：

举例 BP 网络的实际应用案例，解决实际问题。

聚类：

聚类是在"无监督学习"任务中研究最多、应用最广的一类机器学习算法。聚类的目标是将数据集中的样本划分为若干个通常不相交的子集（"簇"，cluster）。聚类既可以作为一个单独过程（用于找寻数据内在的分布结构），也可作为分类等其他学习任务的前驱过程。

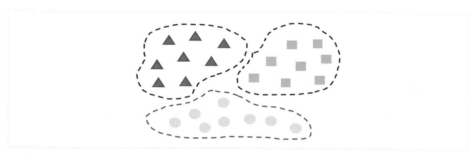

K 均值算法：

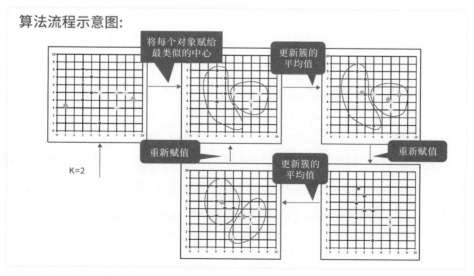

举例 K-means 的实际应用案例，解决实际问题。

5.3 图像处理

介绍图像处理的概念、原理与应用，主要包括图像处理基本步骤、常用方法等，并实现对简单图像的识别。

人类是通过感觉器官从客观世界获取信息的，即通过耳、目、口、鼻、手的听、看、味、嗅和接触的方式获取信息，在这些信息中，视觉信息占 70%。视觉信息的特点是信息量大，灵敏度高，传播速度快，作用距离远。人类视觉受到心理和生理作用影响，加上大脑的思维和联想，具有很强的判断能力，不仅可以辨别景物，还能辨别人的情绪。图像是人们从客观世界获取信息的重要来源，图像信息处理是人类视觉延续的重要手段。随着图像处理技术的发展，许多技术已日益趋于成熟，应用也越来越广泛。它已渗透到许多领域，如遥感、生物医学、通信、航空航天、军事、安防等[7]。

5.3.1 数字图像的基本概念

(1) 图像

图像是直接或间接作用于人眼形成视觉体验的任何东西，它是通过多种方式和一系列观察系统看到客观世界而产生的[8]。一个图像可以是任何东西，从一个小点到一个复杂的建筑。图片种类繁多，其中包括人眼能看到的和肉眼看不到的。可以看到的图像包括光学图像和数字图像。数字图像，通常被称为图形或图片，是一种可以观看的图像（也称为照片）。要生成图像，首先需要拥有一个对象，该对象定义了虚拟相机的模型、照明和成像几何形状。为了构建图像，这是必要的。用透镜、光栅和全息术等光学方法产生的图像称为"光学图像"。由不可见的量，如伽马射线、X 射线、紫外线、红外线或微波等形成的图像也称为不可见图像。当我们说"图像"时，我们通常指的是"视觉表现"。由看不见的量产生的图像包括：一幅难以辨认的射线图像有时可以通过使用专门为图像处理设计的软件而变得清晰。

(2) 数字图像及其存储方式

"数字图像"是指可以由计算机处理的图像；这意味着它的空间坐标以及光和影的程度都是不同的和不连续的。当我们说"数字图片"时，我们指的是可以被计算机处理的图像。图像是由称为像素[9]的小正方形组成的。数字照片使用记录在矩阵或数组中的离散值来表示光在照片中的位置以及光的强度。像素是构成数字图像的基本元素，随后在数字计算机或数字电路的帮助下对图像进行处理和保存。

位图又叫作光栅图，以点阵形式存储。当图像是单色（只有黑白二色）时，每个像素存储占 1bit（即用 1 位二进制数表示）；16 色的图像每个像素点占 4bit（即用 4 位二进制表示）；256 色图像每个像素点占 8bit（即用 8 位二进制数表示）。则一幅 800×600 像素的黑白图像的容量为：800×600/8 = 60000（B）；一幅 256 色的 800×600 的图像的容量为：800×600×8/8 = 48000（B）。位图有一些好处，例如能够创建丰富的颜色和色调变化的图像，准确地表示自然场景，并使程序之间的文件共享简单。然而，它也有一些缺点，例如不能创建真正的 3D 图像，缩放或旋转图像时失真，文件大，需要大量存储空间。位图的优点抵消了这些缺点，例如能够创建具有颜色和色调变化的丰富图像。

它不是为每个单独的像素保存数据，而是将图像的轮廓信息保存在矢量图中。这与传统的位图图像形成对比。记住一个圆形图案的圆心和半径长度就足够了；或者，只记住边缘和半径长度就足够了；或者，只记住圆内包含的边缘和颜色就足够了。然而，这种存储方法有许多限制，例如图像显示速度较慢，需要延长处理时间来执行复杂的分析和计算。这两个问题都是数据存储方式的结果。然而，图像在放大时不会变形，存储照片所需的空间也大大减少了。当涉及保存任何类型的图表和技术图纸时，建议使用矢量图，而不要使用其他格式。

5.3.2 常用图像格式

图像文件的格式和图像处理的程序不兼容时，无法正确地打开和保存图像文件。在这种情况下，图像处理程序将无法打开或保存照片，因为它与文件格式不兼容。几乎每一个图像编辑器都配备了自己独一无二的方法来管理照片并将其保存在各种文件类型中。在使用任何先前的图像文件或在任何不支持原始格式的软件中查看任何照片之前，了解不同的图片格式并在它们之间进行转换是至关重要的。在多种图片格式之间进行转换也是很重要的[10]。下面将介绍各种基于位图的流行图片文件格式，但是将不讨论基于矢量的图像文件格式。

（1）BMP 格式

BMP（Bitmap-File）格式又称位图文件。由三部分组成：位图文件、位图信息和位图列阵。图片格式、大小和索引位置都在位图文件的头文件中指定位图文件头有 54 字节[11]。位图信息包括图片的高度和宽度，以及像素的位数（1，4，8，24），所使用的压缩方法，以及接收图像的设备的水平和垂直分辨率。Windows 在保存照片时使用了 BMP 格式。在 Windows 上运行的图像编辑器都能够读取和写入 BMP 文件。BMP 是基本格式，Windows 系统中的所有图像绘制操作都是基于它构建的[12]。

（2）TIFF 格式

桌面出版广泛使用一种称为 TIFF(标记图像文件格式) 的文件格式。这不仅是一种在用于排版的程序中经常看到的功能，而且还可以用于快速输出。TIFF 文件与大量计算机应用程序和操作系统以及不同类型的显卡设置的兼容性是使用 TIFF 格式最显著的优势。其直接后果是，绝大多数扫描器无法产生 TIFF 文件格式的输出[13]。

（3）JPEG 格式

从专业角度看，JPEG 不是一种图像格式，而是一种减少与图片相关数据的方法。然而，它被广泛使用的事实已经导致它被归类为一种特殊的图像格式。他们提倡使用一种被称为联合摄影专家组 (JPEG) 的图片格式。详细介绍了用于图像压缩和编码的常规策略。这是目前为止最好的压缩技术。JPEG 文件格式是专门用来捕捉和跟踪颜色变化的，特别是那些影响亮度的变化。JPEG 能够通过压缩图片的行和列之间的空间来减少显示图像所需的数据量。好的图像存储格式是一种颜色信息的丢失不会立即导致人眼视觉的明显变化的格式。这就是好的图片存储格式的定义（视觉上可以接受）。在处理图像时，使用 JPEG 压缩方法可以大大减少存储所需的空间。因为它将图像数据从文件的行和列中分离出来，JPEG 被认为是一种有损格式。当使用 JPEG 压缩照片时，你必须在减小文件大小和丢失部分图像原始颜色之间做出选择。当使用低压缩比时，通常很难区分压缩图片中的颜色变化。

例如，对同一张照片，以相同的压缩比反复压缩和解压后得到的图像，与最初生成的图像是不一样的。因此，当保存同一张照片时，建议使用较大的压缩比，避免导致压缩后文件过小，生成像素较低的文件，与原文件的差异过大。使用 JPEG 方法压缩图片，然后以另一种格式打开图片，保存它，然后再使用 JPEG 方法压缩图片，这不是最佳的方法。这样做会导致图像质量变差。按照上述技术进行压缩和保存后，一旦照片被保存为 JPEG 格式建议不要将图片保存为任何其他格式。如果确实要保存为其他格式，则应该记住该图像文件以后不再用 JPEG 格式保存。

（4）PNG 格式

它是"便携式网络图形"的缩写，是目前最流行的用于在线图片的格式。PNG 能够显示 24 位或 48 位深度的全彩图片，它还支持更高级别的图片文件无损压缩。PNG 是一种相对较新的图片存储格式；因此，并不是所有的程序都能够读写这种格式的文件。更准确地说，GIF、PCX、TGA、EXIF 和其他各种图像文件格式都是合适的选择。每个场景都要求使用自己独特的照片格式选项。在 Windows 系统中，保存照片最常见的选择之一是使用 BMP 格式的位图文件。在设计应用程序时，需要考虑的关键因素是图像质量、灵活性、存储效率和格式兼容性。

5.3.3 数字图像的分类

根据每一个像素所传达的信息可将图像分为二值图像、灰度图像、RGB 图像和索引图像。

（1）二值图像

只有黑白两种颜色的图像称为二值图像。这是因为每个像素只有两种可想象的深浅。在二值图像中，单个像素可以获得的唯一值分别是 0 或 1。数字 0 用来代表黑色，而数字 1 用来代表白色[14]。

（2）灰度图像

大量的颜色信息被添加到二值图像中黑色和白色之间的部分，以产生灰度图。这种类型的图像通常使用各种灰度值来显示，从黑色和白色到中间的每一个阴影，每一个这些值都用字母 L 表示。灰度图像由像素组成，每个像素都有一个 0 到 L 到 1 的数值。根据用于记录它们的数据格式，可能使用的不同灰度值的数量可以从 256 到 2k 不等。当 k = 1 时，它自动转换为二进制表示。

（3）RGB 图像

RGB 色彩模式是工业界的一种颜色标准，是通过对红（R）、绿（G）、蓝（B）三个颜色通道的变化以及它们相互之间的叠加来得到各式各样的颜色，RGB 即是代表红、绿、蓝三个通道的颜色，这个标准几乎包括了人类视力所能感知的所有颜色，是目前运用最广的颜色系统之一。

（4）索引图像

索引图像的文件结构有些复杂。图像矩阵本身保存在二维数组中，颜色索引矩阵 MAP 也存储在二维数组中。这两个矩阵都保存在同一个位置。MAP 的大小取决于它必须支持的图像存储矩阵组件的数量。如果矩阵成员的范围是 [0，255]，那么表达式 MAP=[RGB] 指定一个 256×3 MAP 矩阵。在大多数情况下，一个简单的彩色图片可以被保存为索引图像。例如，Windows 上直接配色的墙纸充分利用了索引图像。如果图像中的颜色比较复杂，需要利用 RGB 的真彩色图片。

5.3.4 数字图像处理系统

利用计算机修改、改进或生成新的数字照片副本，以便重新显示的过程被称为"数字图像处理"，用"数字图像处理"来描述这种技术。这种方法在业界被称为"数字图像处理"（Computer Image Processing）。CIP 是一个缩写词，偶尔用来指在计算机上进行的成像。该图显示了组成数字图像处理系统的许多组件。投入到数字图像处理模块的研究量和系统的整体质量之间有很强的相关性。

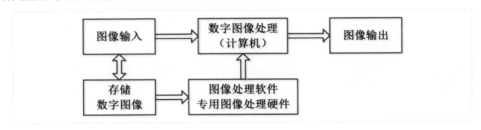

5.3.5 数字图像处理的工程应用

利用数字图像处理应用于各种领域，包括生物医学、遥感、工业生产、军事、通信和公共安全等。

生物医学：对电磁波谱图像的检查用于生物医学诊断领域。例如，这些图像可能来自显微镜或 DNA 测序仪。远程医疗图片、皮肤图像、X 光、伽玛刀和刀脑手术、计算机断层扫描 (CT)、磁共振成像 (MRI)、b 型超声、血管造影、红外放射摄影、显微病理学、电子显微镜和常规放射摄影都是可以在常规放射摄影 (放射学) 中使用的成像模式的例子。例如，使用 3D 测量可视化软件系统，人们可以分析和处理任何类型的医学断层扫描图像，以获得诊断基础。这可以用任何形式的医学断层扫描图像来完成。

遥感：遥感技术的使用使农业、林业和其他资源领域的调查成为可能；监测作物生长；追踪和预测自然灾害；解释地形、地貌制图和地质构造；前景资源；检测环境污染等。

工业生产：无损检测、石油勘探、自动化制造过程 (零件识别、装配质量检验、工业机器人) 等[15]。

军事：处理雷达和声纳捕获的图像；制导导弹和进行军事模拟等。其他例子包括航空和卫星侦察图像制图和判读。

通信：当今的通信形式多种多样，例如，数字电视、图像传真、在线视频聊天和网络动画等。

公共安全：为了维护公共安全，对各种生物识别标识 (包括一个人的脸、指纹、掌纹和虹膜等)、签名、伪钞、笔迹、印记等进行检查。

气象预报：借助气象云图，可以绘制、分析天气预报，以及进行其他类似的活动。

5.3.6 数字图像处理的主要内容

数字图像处理的主要内容包括图像变换、图像增强、图像分割、图像特征提取、图像匹配和图像识别等。

（1）图像变换

为了简化图像处理的工作流程，充分发挥图像处理的有效性，图像变换是必须采取的重要步骤。图像可以在空间域和频率域上进行修改。术语"空间转换"指的是图像中的对象 (或像素) 可以调整大小、旋转、平移、反转和其他类似操作的过程。图像阵列必须相当大，以确保其空间分辨率和振幅分辨率。为了直接在空间域中处理图像，需要大量的计算能力和存储空间。正因为如此，在空间域进行的处理经常被转换为在变换域进行的处理，使用各种图像变换方法，如傅立叶变换、沃尔什变换、离散余弦变换和其他间接处理技术。这不仅减少了需要完成的计算量，而且有可能成为一种更有效的操作。

小波变换是最近的研究课题[16]，它在时域和频域都表现出了更好的局部化特性，这解释了为什么它被如此频繁地使用。

（2）图像增强

图像增强是一种旨在提高图像的整体质量，使人们注意到图像的某些部分，并使图像在视觉上更吸引人的过程。这是通过突出图片的特定方面或其中的项目来完成的。空间域处理和频域处理是图像增强方法的两大基本变种。空间域通过使用从灰到白的映射转换直接修改图片的像素。首先，必须计算图像变换域中的更新系数，以便应用频域处理来增强图像。其次，必须进行逆变换，才能回到原来的空间域[17]。

（3）图像分割

在图像分割过程中，图像的许多元素，包括它的灰度、颜色、纹理和形状，被用来将图像分割成各个单独的部分。当涉及识别、分析和理解图片时，一切都始于分割。阈值技术、区域扩展方法、边缘检测方法、聚类方法、基于图论的方法和其他几种方法是最常用的分割方法。图像分割过程是任何图像分析的基本组成部分，但它也是图像处理领域中最古老和最困难的问题之一。许多研究者花费了多年的时间来研究各种图像分割方法；然而，仍然没有合适的方法，适用于所有的照片，也没有一个客观的措施，可以表明分割是否有效[18]。因此，图像分割现在是图像处理中最受欢迎的子领域之一，尽管事实上对该主题的研究才刚刚开始。实现多特征融合和多分割算法融合也是一个关键的发展趋势。因此，对新的理论和方法的研究并不是分割技术的唯一方向。

（4）图像特征提取

图像特征既包括图像承载的自然目标及背景的材质的反射和吸热特性，各组成部分表面的光滑与粗糙程度，各组成部分的形状、结构和纹理等特征在图像上的表象，也包括人们为了便于对图像进行分析而定义的属性和统计特征。图像特征提取是图像目标识别的基础。

（5）图像匹配

图像匹配是一种通过比较和对比图像中包含的各种属性，如图像的特征、结构、关系、纹理和灰度值，来定位具有可比图像的目标的方法。图像匹配是一种技术。基于图像灰度或基于特征是两种不同的图像匹配方法。灰匹配是针对单个像素的，而不是针对更广泛的地理区域来确定匹配。在进行特征匹配时，重要的是不仅仅要考虑单个像素的灰度，还要考虑其他因素，例如，空间整体质量和空间链接。

（6）图像识别

使用计算机处理、评估和理解照片，以确定各种各样的目标和物体模式的过程被称为"图像识别"。将数据从一个空间（模式空间）映射到另一个空间（类别空间）的问题是图像识别的核心，从数学上讲，这是一个映射问题。对于照片识别，是最重要的属性。在对图片进行预处理（增强、修复和压缩）之后，分类步骤需要对图像进行分割并从中提取特征[19]。目前，最常用于识别模式的三种方法是统计模式识别、结构模式识别和模糊模式识别[20]。

5.4 人工智能模式识别实践

实践目的：通过智能门禁系统的设计实践环节，促进学生对 5G 通信、工业互联网边云控制、物联网、人工智能、各个模块内容的理解，并提升对所学内容的综合运用能力，能够利用课程内容解决实际问题。

实践：基于人脸识别智能门禁识别系统

图像获取： 应用网络摄像头实现图像信息的采集与监控工作；

人脸识别： 应用百度云 API 进行人脸检测与人脸识别，提高识别的准确性；

门禁控制： 依托 5G 通信、边云控制、物联网技术将识别信号传输到 PLC 控制器，实现对门禁装置的实时控制。

具体实践过程如下：

5.4.1 网络摄像头信息采集

本实践项目采用萤石网络摄像头 CS-C6CN 作为项目的视频信号采集的硬件支撑，该网络摄像头具备云台、夜视、语音通信等监控功能，同时，基于萤石云平台可以快速的进行监控视频信号接收与数据交互，是一款非常适合项目快速研发的监控产品。

（1）摄像头的使用与注册

1）给摄像头上电，初次上电需等待几分钟，待指示灯变为蓝色闪烁后，摄像头正常启动成功，同时，摄像头会发出语音提示应用"萤石云视频"App 进行摄像头配置。

2）在手机上安装"萤石云视频"App，进入应用后点击"添加设备"按钮进行设备添加。

点击后系统开启手机端后置摄像头，并提示扫描网络摄像头下端的二维码进行设备配置。找到二维码并扫描，进入设备确认页面，勾选"设备已通电"选项，并点击"下一步"按钮。

进入设备配网说明页面后点击"开始"按钮进行设备配网。按照操作说明进行操作。在"初始化设备"页面中保证网络摄像头正常启动完成的情况下，勾选"设备已启动好，且是第一次配置网络"选项，点击"下一步"按钮。

3）在"选择路由器 Wi-Fi 并输入密码"页面中对设备连入的 Wi-Fi 网络进行配置。点击"切换网络"按钮，在网络列表中选择本设备可以使用的网络信号并输入 Wi-Fi 密码，点击"下一步"按钮。

4）等待几秒钟时间，网络摄像头进行网络连接，当听到"Wi-Fi 连接成功"语音提示后表示该摄像头已完成网络配置并连接成功。在"设备名称与场景"页面中可以对摄像头在项目中的名称和应用场景进行编辑。在这里，为方便后续工作，我们将名称修改为"实验摄像头"，点击"下一步"按钮。

5）在"设备分组"页面中对设备进行分组设置。分了方便管理，在这里点击"添加分组"选项新建分组。

点击"分组名称"，在新出现的对话框中输入"实验组"并保存。

在"选择分组背景"栏中，选择自己喜欢的背景并点击"添加"完成分组的设置。

点击"下一步"按钮后，完成网络摄像头的配置工作。此时，在 App 主界面中，即可看到在分组中多出了"实验组"分组，且在"实验组"内会发现"实验摄像头"设备。

6）点击"实验摄像头"设备，进入到"实验摄像头"设备监控界面中，在该界面中可以对摄像头设备进行监控和简单操作，点击 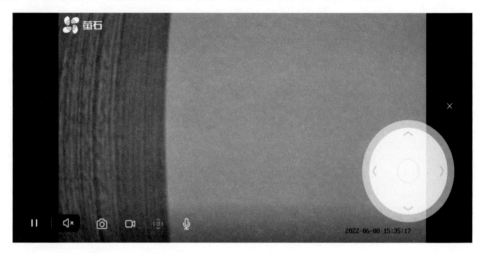 按钮可以对网络摄像头的云台功能进行控制，同时，在监控界面中也有一些其他的控制 UI 可供用户使用，包括可以选择是否手动录制视频、是否开启语音交互、是否传入现场声音，等等。

（2）萤石云平台的注册与使用

1）打开浏览器，键入网址：https://open.ys7.com/cn/s/index，进入萤石云开放平台，点击右上角"注册"按钮，根据要求进行用户注册。

2）返回平台首页，点击"登录"按钮，应用刚注册的账号进行用户登录，登录完成后，平台首页的导航栏发生了一些变化，在原登录按钮的位置显示登录用户名，点击用户名左侧"控制台"按钮进入到萤石云后台控制界面。

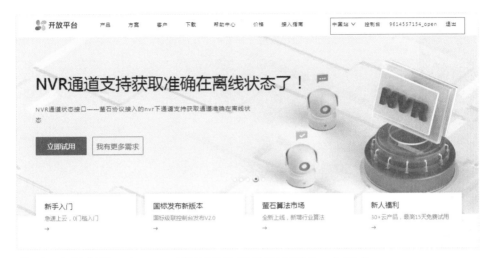

此时，在控制界面中，可以发现账号下已经挂载了一台设备。

3）点击"我的资源"->"设备列表"选项，可以对账号下方挂载的设备进行查看，在这里可以看到设备的序列号、设备名称、接入时间、设备状态、接入方式、通道号等设备信息，同时，在设备列表中也给出了播放地址，可以以网页形式对网络摄像头视频信号进行查看。

4）点击"我的账号"->"应用信息"选项，在"应用详情"栏目中根据提示进行应用的创建与信息编辑，包括"应用名称""行业""应用简介""应用类型""应用官网"等信息。填写完成后，点击"确认提交"按钮进行提交。

5）同时，在"应用信息"界面中右侧有"应用密钥"栏目，其中包含创建应用的"AppKey""Secret""AccessToken"等信息，后续工作中会使用到该系列信息，为保证数据安全，请妥善保管该系列信息。

6）点击"我的资源"->"设备列表"选项，找到待接入的网络摄像头，点击"监控地址"选项，在"监控地址（URL）信息"栏中可查阅设备的监控地址，需要注意的是，如果设备处于加密状态，在"监控地址（URL）信息"栏中点击"播放"按钮无法正常进行设备连接，需要关闭设备视频加密接口或在 ezopen 地址中加入设备验证码，加入格式为：

ezopen:// 验证码 @open.ys7.com/203751922/1.rec

在"预览地址"中按照上述格式加入验证码后，点击"播放"按钮，即可查看设备视频信号。

7）点击"产品中心"->"轻应用"->"Web 版"选项，可对网络摄像头播放时的界面进行编辑，包括 UI 显示与设置、设备信息的显示、字体颜色、播放器功能等。点击"切换设备"按钮，填入网络摄像头信息后即可查看监控效果。

其中，"设备序列号""设备验证码"信息在网络摄像头底部标签中可以找到，"AccessToken"在"应用信息"中查阅。

8）在页面左侧"代码示例(web 端)"下方会根据设备监控界面配置的结果生成浏览地址，复制该地址并粘贴至浏览器地址栏中查看监控效果。需要注意的是，如果设备处于加密状态，需要根据格式键入验证码。保存播放地址信息，待后续使用。

![监控画面]

至此，萤石网络摄像头的配置及萤石云平台的配置工作基本完成，平台应用信息与监控地址待后续 Node-RED 平台进行调用。

5.4.2 人工智能识别平台应用

为了便于开发者快速进行应用开发，同时提高应用中人工智能识别的准确率与识别效率，本实践项目采用百度云平台提供 API 进行图像的人脸识别，判断访客的具体身份。

（1）百度云平台的注册与配置

1）在浏览器地址栏中键入网址：https://cloud.baidu.com/campaign/2022618/index.html?track=38cedd774480d09fcb2fe4d6b2250d30bea713bc1c484756

进入百度智能云平台。点击右上方"注册"选项，根据要求进行百度智能云账号的注册工作。

2）返回至百度智能云平台首页中，点击"登录"选项，并登录百度智能云账号，点击"管理控制台"选项进入账号控制台界面。

3）调出左侧导航栏，点击"产品服务"->"人工智能"->"人脸识别"选项，进入人脸识别服务界面。在界面中显示出了该账号下调用的接口情况等信息，并配有常用的功能导航。

4）在"操作指引"栏目下点击"创建应用"标签下的"去创建"按钮，创建新的人脸识别应用服务。根据项目情况进行应用创建内容的编辑，完成"应用名称""接口选择""应用归属"等内容的编辑。需要注意的是，在这里我们在"接口选择"时将"人脸识别"基础服务全部勾选上。"应用归属"选择"个人"即可。点击"立即创建"完成应用的创建工作。

5）创建完成后，在"应用列表"中即可查看刚刚创建的应用，其中"API Key""Secret Key"指标为后续第三方接口接入时的认证信息，后续 node-red 平台接入时会使用到。需要注意的是，为保证信息安全、减少不必要的损失，"API Key""Secret Key"需要妥善保管。

（2）人脸库的建设

1）点击"操作"栏下的"查看人脸库"选项，进入人脸库的创建界面。点击"新建组"按钮，创建新的人脸库分组。由于本实践拟进行门禁系统的设计，摄像头与被测对象基本处于平视状态，因此项目在新建用户组过程中"用户组场景类型"选项中选择"通用版（生活照）—适用于手机、电脑、闸机等设备正面拍摄的场景"选项。

2）点击新创建的用户组，进入用户组人脸库界面，点击"新建用户"选项进行人脸库的建设。需要注意的是，上传的人脸图片需要用户正面照且无遮挡，支持的图片大小在 5M 以内。用户 ID 可由数字、字母、下划线组成。添加完成后可在界面中查看用户信息。以同样的方式继续添加其他识别对象数据。

至此，百度智慧云平台人脸识别服务的配置工作基本完成，平台应用信息待后续 Node-RED 平台进行调用。

5.4.3 Node-RED 项目门禁系统构建

（1）应用节点安装

在 Node-RED 平台中点击右上角菜单栏，选择"节点管理"->"安装"选项，在

搜索模块中搜索 "ezviz" "baidu-face" "base64" "image-output" "iframe" 字样，并安装 "node-red-contrib-ezviz" "node-red-contrib-baidu-face" "node-red-node-base64" "node-red-contrib-image-output" "node-red-node-ui-iframe" 模块。

（2）接入网络摄像头信号

1）在工作区中拉入 "iframe" 节点，双击节点打开节点属性进行属性编辑，在 "URL" 属性中键入上节萤石云平台生成的浏览地址链接，需要注意的是，加密网络摄像头需要按照格式在生成的链接中加入验证码信息。

2）根据需求，继续调整其他属性，这里为了保证监控图像清晰，"iframe" 的节点需要手动设置的大一些，这里设置成 "12*9" 大小，点击 "部署" 按钮，完成部署。可以在前面板中查看监控接入的效果。同时，点击监控画面可以调出监控 UI 按钮，可以进行摄像头的基本操作，包括云台控制、语音交互、开关声音、视频录制等。如果需要调整 UI 设计，需要在萤石云开放平台中，选择 "控制台" ->"产品中心"->"轻应用"->"Web 版" 进入 Web 监控调整界面，对监控 UI 进行调整。

（3）监控图像抓取

1）在 Node-RED 平台工作区中拉入"萤石抓拍图片""button""change""template""image"等节点，其连接与属性配置如下：

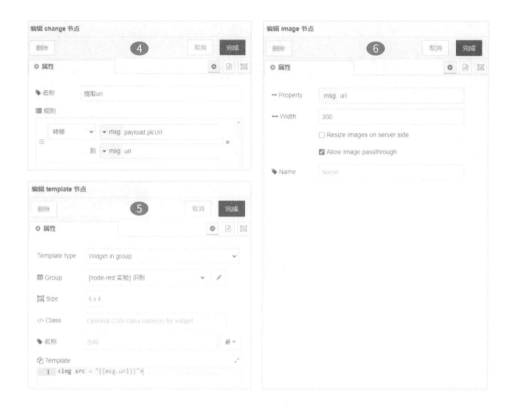

2）按照上述图示所示方法进行节点配置，简单的进行前面板布局后进行部署，在前面板中可以进行查看，点击"拍照"按钮，系统会抓取图片至识别区中。

（4）人脸识别与门禁控制

1）在 Node-RED 后台工作区中拉入"http request""base64""change""人脸识别""function""text""switch""button"等节点，其连接与属性配置如下：

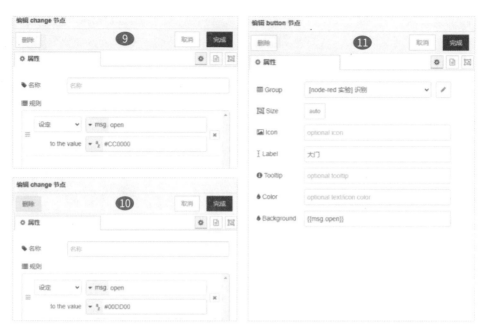

2）按照上述图示所示方法进行节点配置，需要注意的是"人脸识别"节点 -> "配置"属性中的"APIKey""SecretKey"属性为在百度智能云后台人脸识别应用生成时产生的"APIKey""SecretKey"属性。流程中"function"函数的程序简单示意如下：

```
varmsg1=msg,msg2=msg;
if(msg.payload.face_num>0)
{
        vara={"zhangsan":" 张三 ",...};// 这里为用户 ID 与真实身份的
                对应列表
        varb=msg.payload.face_list[0].user_list[0].user_id;
        msg1.payload=a[b];
        msg2.open=1;
}
else
{
        msg1.payload=" 无人员 ";
        msg2.open=0;
}
return[msg1,msg2];
```

完成部署后，可以在前面板进行查看。

3）进行项目测试，点击"拍照"按钮会发现，如网络摄像头拍照到人脸库中预制的用户，"识别人员"节点中可以按照列表关系显示出人员信息，此时"大门"节点呈现绿色状态，表示大门开启；如网络摄像头拍摄到的人员不在人脸库中或无人员时，"识别人员"节点显示"无人员"，此时"大门"节点呈现红色状态，表示大门关闭。

至此，基于人脸识别的门禁系统实验完成。在实际应用中，门禁系统还应接入数据库进行数据存储，并配有相应的用户管理方案，同时边缘控制器需同步接收开关门数据并驱动电机作业，在这里不做详述。

6

综合实践 ▶▶▶

本章讲述了两个综合实践，分别是边云融合控制综合实践和5G+人工智能综合实践，从PLC程序设计和云端系统构建来展开讲述。

6.1 边云融合控制综合实践

结合以上内容，在云端建立组态界面，显示当前环境温度、$PM_{2.5}$ 值、报警状态，设置照明开关可远程实现指示灯亮灭。PLC 读取环境传感器数据并发送至云端，在云端判断 $PM_{2.5}$ 值是否大于阈值，如大于，则发送指令至 PLC 控制报警指示灯亮，接触器吸合表示新风系统打开，并更新报警状态。

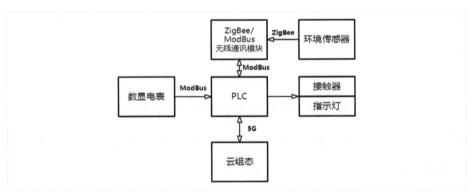

环境信息获取：应用 5G 互联网络、MQTT 通信协议实现对环境温度、湿度、$PM_{2.5}$、CO_2、VOC 等环境信息的实时采集并显示；

阈值调节：系统可根据用户自定义针对 $PM_{2.5}$ 参数进行阈值设置，在环境指标高于预定值后进行系统报警工作，同时系统可控制现场风机进行鼓风作业以减少环境 $PM_{2.5}$ 指标，在环境指标恢复正常后，系统关闭风机；

用户手动控制：用户可根据需要对风机进行手动操控，也可以转为自动控制。

6.1.1 PLC 程序设计

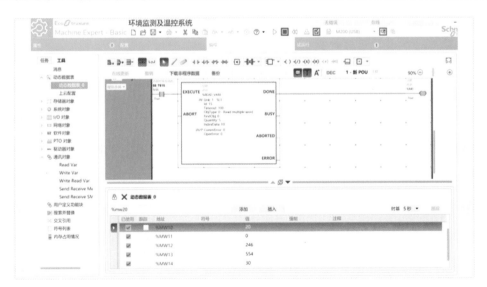

读取空气盒子实时数据，例程中空气盒子地址为 15，Modbus 通信表如下：

输入寄存器（03X）	内容
0	$PM_{2.5}$
1	CO_2
2	温度
3	湿度
4	VOC
5	硫化氢
6	氨气
7	甲醛
8	甲烷
9	氧气
10	软件版本

通过云组态判断 PM2.5 阈值，触发风机及指示灯开启，关闭。

%MW20=0，开启指示灯 %Q0.2，同时开启接触器 %Q0.4；

%MW20 为云组态发送指令。

6.1.2 云端系统构建

（1）应用节点安装

在 Node-RED 平台中点击右上角菜单栏，选择"节点管理"->"安装"选项，在搜索模块中搜索"json"字样，并安装"node-red-contrib-json"模块。

（2）环境信息采集

在 Node-RED 平台工作区中拉入"mqttin""contrib-json""gauge""chart""switch""change""range"等节点，其连接与属性配置如下：

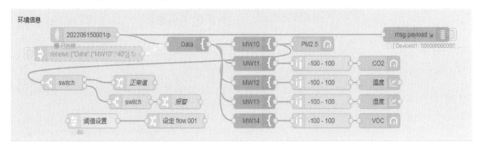

1）"mqtt in"节点配置

对 MQTT 节点主要配置通信协议的配置主要包括 MQTT 代理的 IP 地址、端口号、数据主题、传输质量等信息，对于某些数据，需要在"安全"标签中给出数据的用户名、密码才可以接收到数据。具体配置过程如下：

2）其他节点配置

本功能设置了两个 flow 变量，"flow.001"用于储存 PM2.5 的阈值设定值，"flow.002"用于储存系统报警或正常的结果，关键节点的配置信息如下：

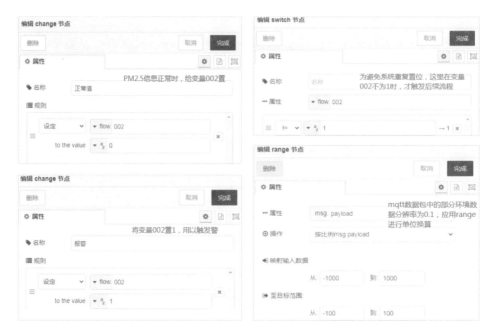

3）Dashboard 前面板效果

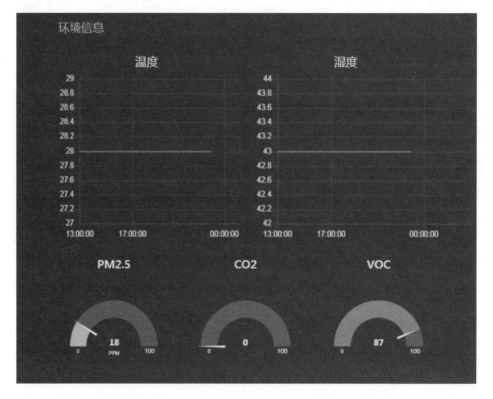

（3）警报控制设计

在 Node-RED 平台工作区中拉入 "inject" "button" "notification" "switch" "change" "function" 等节点，其连接与属性配置如下：

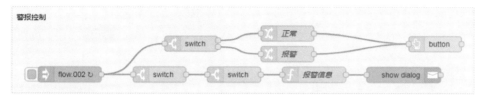

1）节点配置

应用上一节中提及的"flow.002"变量进行报警状态判定，关键的节点配置信息如下：

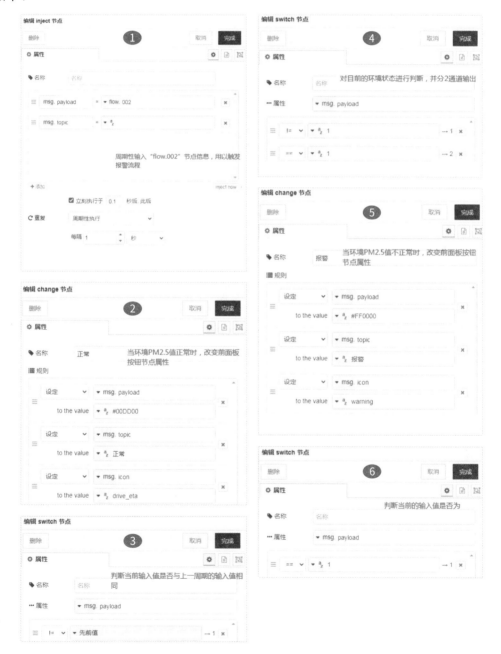

2）Dashboard 前面板效果

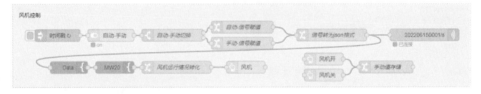

（4）风机控制

在 Node-RED 平台工作区中拉入"inject""mqttout""button""contribjson""change""switch"等节点，其连接与属性配置如下：

1）"mqtt in"节点配置

对 MQTT 节点主要配置通信协议的配置主要包括 MQTT 代理的 IP 地址、端口号、数据主题、传输质量等信息，在这个节点中，可以调用之前编辑过得"PLC"配置。具体配置过程如下：

2) 节点配置

本功能设置了个 flow 变量，"flow.003"用于储存手动控制风机的开合信息，同时应用上一节中提及的"flow.002"变量进行报警状态判定，关键的节点配置信息如下：

3）Dashboard 前面板效果

（5）系统总体效果

6.2 5G+ 人工智能综合实践

结合边云融合控制与人工智能识别技术，通过摄像头图像判断室内人数，根据人数不同控制温控器风量，从而实现室内温度智能调节。

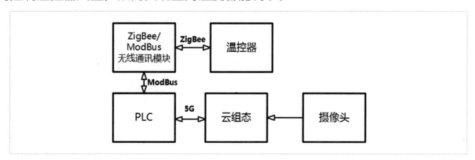

6.2.1 PLC 程序设计

PLC 通过 zigbee-modbus 进行温控器控制，使用 Modbus 功能块，程序如下：

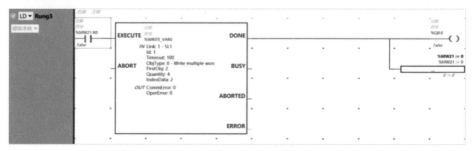

关键参数设定包括环境传感器 id:1, 代表设备 Modbus 地址是 1;

Timeout:100，代表超时 100*10ms=1S;

ObjType：Writemultipleword，即写多个寄存器 0AX;

FirstObj：2，即从第二个寄存器（%MW2）写入;

Quantity:5，即写入 5 个寄存器;

indexData：2，代表写入数据从 %mw2 开始存储;

打开动态数据表，输入 %MW2-%MW5 查看读取环境传感器结果;

已使用	跟踪	地址	符号	值	强制	注释
		%MW1		1		
✓		%MW2		1		
✓		%MW3		1		
✓		%MW4		22		
✓		%MW5		0		

附：温控器 Modbus 地址表

功能码	寄存器地址	定义	数据解释
03/06/0A	3（%mw2）	状态	00：关；01：开；02：防冻启动（只读）。
03/06/0A	4（%mw3）	模式	1：制冷；2：制热（风盘）；3：通风。
03/06/0A	5（%mw4）	设置温度	温度值（5～35℃）；温度数据扩大十倍后上传。
03/06/0A	6（%mw5）	风机风速	00：高速；01：中速；02：低速；03：自动。

6.2.2 云端程序设计

图像获取：应用网络摄像头实现图像信息的采集与监控工作;

人流量检测：应用百度云 API 进行人脸检测与人流量检测，提高识别的准确性;

风量控制：依托 5G 通信、边云控制、物联网技术将识别信号传输到 PLC 控制器，实现对风控装置的实时控制。

具体实践过程如下:

网络摄像头信息采集可参照前文流程进行设置。百度云平台中选择人流量检测。

调出左侧导航栏，点击"产品服务"->"人工智能"->"人流量检测"选项，进入人流量检测服务界面。在界面中显示出了该账号下调用的接口情况等信息，并配有常用的功能导航。

在"操作指引"栏目下点击"创建应用"标签下的"去创建"按钮，创建新的人流量检测应用服务。根据项目情况进行应用创建内容的编辑，完成"应用名称""接口选择""应用归属"等内容的编辑。需要注意的是，在这里我们在"接口选择"时将"人流量检测"基础服务全部勾选上。"应用归属"选择"个人"即可。点击"立即创建"完成应用的创建工作。

创建完成后，在"应用列表"中即可查看刚刚创建的应用，其中"API Key""Secret Key"指标为后续第三方接口接入时的认证信息，后续 Node-RED 平台接入时会使用到。需要注意的是，为保证信息安全、减少不必要的损失，"API

Key""Secret Key"需要妥善保管。

至此，百度智慧云平台人流量检测服务的配置工作基本完成，平台应用信息待后续 Node-RED 平台进行调用。

Node-RED 项目构建

(1) 应用节点安装

在 Node-RED 平台中点击右上角菜单栏，选择"节点管理"→"安装"选项，在搜索模块中搜索"ezviz""baidu-face""base64""image-output""iframe"字样，并安装"node-red-contrib-ezviz""node-red-contrib-baidu-face""node-red-node-base64""node-red-contrib-image-output""node-red-node-ui-iframe"模块。

(2) 接入网络摄像头信号

1) 在工作区中拉入"iframe"节点，双击节点打开节点属性进行属性编辑，在"URL"属性中键入上节萤石云平台生成的浏览地址链接，需要注意的是，加密网络摄像头需要按照格式在生成的链接中加入验证码信息。

2）根据需求，继续调整其他属性，这里为了保证监控图像清晰，"iframe"的节点需要手动设置的大一些，这里设置成"12*9"大小，点击"部署"按钮，完成部署。可以在前面板中查看监控接入的效果。同时，点击监控画面可以调出监控 UI 按钮，可以进行摄像头的基本操作，包括云台控制、语音交互、开关声音、视频录制等。如果需要调整 UI 设计，需要在萤石云开放平台中，选择"控制台"→"产品中心"→"轻应用"→"Web 版"进入 Web 监控调整界面，对监控 UI 进行调整。

（3）监控图像抓取

1）在 Node-RED 平台工作区中拉入"萤石抓拍图片""button""change""template""image"等节点，其连接与属性配置如下：

2）按照上述图示所示方法进行节点配置，简单地进行前面板布局后进行部署，在前面板中可以进行查看，点击"拍照"按钮，系统会抓取图片至识别区中。

（4）人流量检测与门禁控制

1）在 Node-RED 后台工作区中拉入"http request""base64""change""人流量统计""function""text""switch""button"等节点，其连接与关键属性配置如下：

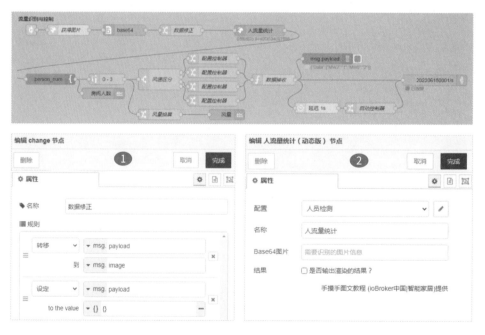

2）按照上述图示所示方法进行节点配置，需要注意的是"人流量检测"节点 ->"配置"属性中的"API Key""Secret Key"属性为在百度智能云后台人流量检测应用生成时产生的"API Key""Secret Key"属性。对于风量控制板的控制方法需要先设定控制板参数，延时一段时间后启动控制器方可开启风量控制板进行风量控制。完成部署后，可以在前面板进行查看。

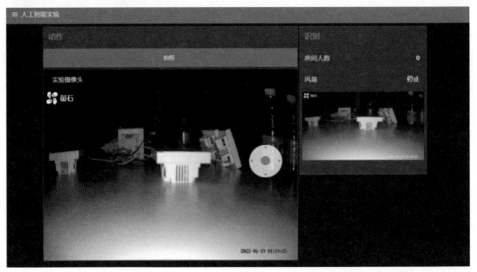

3）进行项目测试，点击"拍照"按钮，如网络摄像头拍照到环境内的人员，系统会根据人流量的多少对环境风量进行调节，并控制风量控制器进行风速调节。

1. 前言

[1] 杨连发，何玉林，陈虎城．从传授范式向学习范式转变的课程教学模式改革探索 [J]．中国现代教育装备，2019(09):63-65.DOI:10.13492/j.cnki.cmee.2019.09.022.

[2] 李伟．5G 网络发展趋势与安全挑战 [J]．网信军民融合，2019(06):46-48.

[3] 黄钦泓．5G 时代公众用户数智化运营策略 [J]．通信世界，2022(01):28-29.DOI:10.13571/j.cnki.cww. 2022.01.009.

[4] 万明，张世炎，李嘉玮，宋岩，赵剑明．工业互联网安全浅析：边缘端点的主动防护 [J]．自动化博览，2021,38(01):62-66.

2. 5G 通信

[1] 赵明伟，徐霖洲，石宙飞．TD-LTE 基于统计分析的 MIMO 性能优化方法 [J]．中国新通信，2016,18(05):23-25.

[2] 赵博．5G 背景下室内信号覆盖解决方案的研究 [J]．数字通信世界，2022(05):164-166.

[3] 魏超．5G 移动通信中 Massive MIMO 技术的研究 [J]．科技风，2020(16):96.DOI:10.19392/j.cnki.1671-7341.202016081.

[4] 李玉铭．基于面向 5G 的移动通信技术及其优化研究 [J]．数字通信世界，2019(08):66-67.

[5] 赵晓宇，刘基全，张宇，孙文哲，刘雅晴．5G 在我国高速铁路通信系统中的应用 [J]．电声技术，2021,45(02):76-80.DOI:10.16311/j.audioe.2021.02.019.

[6] 马妮．5G 通信中数据传输可靠性研究 [J]．网络安全技术与应用，2020(09):78-79.

[7] 王超，庞志成，常鹤．5G 波束赋形技术及应用场景研究 [J]．中国新通信，2020,22(19):11-12.

[8] 巩倩倩，段宗维，杨青青，张虎．5G 背景下室内信号覆盖解决方案的研究 [J]．无线互联科技，2021,18(06):3-4+7.

[9] 周维．基于 5G 的智慧城市移动通信网络规划分析 [J]．中国新通信，2020,22(19):27-28.

[10] 朱立雷，许建涛，王鹏颖．基于 5G MIMO 特性的场景化小区波束研究 [J]．数据通信，2019(04):1-5+10.

[11] 郭琪．基于 5G 通信的大规模无线传输技术探讨 [J]．信息记录材料，2021,22(02):49-50.DOI:10.16009/j.cnki.cn13-1295/tq.2021.02.025.

[12] 宋琪, 向伟, 李坤. 基于 5G 智慧医疗载体下的精品路线优化 [J]. 数字通信世界 ,2020(02):167-168.

[13] 杜加懂, 崔媛媛. 面向电力业务的无线专用网络演进方向 [J]. 信息通信技术与政策 ,2018(11):41-46.

[14] 杨涛, 吴传杰 .5G 赋能智慧广电 [J]. 广播电视网络 ,2022,29(03):75-78. DOI:10.16045/j.cnki.catvtec.2022.03.010.

[15] 孟令彬, 李娟, 薛楠, 邹勇 .5G 边缘计算共享研究与展望 [J]. 电信科学 ,2020,36(06):38-44.

[16] 何宇锋, 林奕琳, 单雨威 .5G MEC 分流方案探讨 [J]. 移动通信 ,2020,44(09):49-57.

[17] 张剑峰, 蒲宁锋, 倪建熙, 赵川斌. 结合应用场景的智慧园区 MEC 部署实践 [J]. 通信与信息技术 ,2021(01):36-40.

[18] 毛磊, 王卫斌, 罗鉴 .MEC 业务连续性技术研究与应用 [J]. 电信科学 ,2020,36(07):34-41.

[19] 骆润, 李宗林 .5G 网络 ToB 视角下的接入网安全部署策略研究 [J]. 邮电设计技术 ,2021(04):61-65.

[20] 唐亚军, 蔡子华, 张紫璇 .5G+TETRA 集群共网融合演进方案研究 [J]. 广东通信技术 ,2021,41(10):11-14.

[21] 李成, 高韵, 张生太 .MEC 应用场景及商业模式分析 [J]. 邮电设计技术 ,2021(10):42-47.

[22] 方晓农, 周化虎. 面向 5G ToB 应用的 UPF 建设策略探讨 [J]. 电信快报 ,2021(10):8-11.

[23] 李金艳, 张蕾, 夏新兰. 融合的能力开放架构及部署建议 [J]. 信息通信技术与政策 ,2020(12):21-27.

[24] 郑锐生, 黄劲安, 梁雅菁. 网络共建背景下 5G MEC 部署及共享策略研究 [J]. 中国新通信 ,2021,23(09):51-53.

[25] 王卫斌, 陆光辉, 陈新宇 .5G 核心网商用关键技术与挑战 [J]. 中兴通讯技术 ,2020,26(03):9-16.

[26] 邹源. 下一代无线网络架构对传输网的影响 [J]. 中国新通信 ,2018,20(20):155-157.

[27] 杨鑫, 赵慧玲 .MEC 的云边协同分析 [J]. 中兴通讯技术 ,2020,26(03):27-30.

3. 边缘控制 5G-PLC 控制器原理及实验

[1] 孟祥丽, 何万涛. 地方师范院校"维修电工实训"课程教学实践与创新 [J]. 南方农机, 2021.

[2]   徐超 . 电气控制与 PLC 技术应用 [M]. 国防工业出版社 , 2011.

[3]   陈慈萱 . 电气工程基础 . 上册 [M]. 中国电力出版社 , 2003.

[4]   冯晓 , 刘仲恕 . 电机与电器控制 [M]. 机械工业出版社 , 2005.

[5]   潘毅 . 机床电气控制 [M]. 科学出版社 , 2011.

[6]   马朝骥 , 冯雯雯 , 庞佑兵 , 等 . 一种有刷直流电机驱动器的设计 [J]. 微电子学 , 2019(3):5.

[7]   黄琦兰 . 可编程序控制器实用教程 [M]. 机械工业出版社 , 2011.

[8]   李雨真 . ST 语言中定时器转换为 C 语言的研究 [J]. 计算机时代 , 2019(6):4.

[9]   韩梦玮 . 顺序控制技术 [M]. 国防工业出版社 , 1987.

4. 云端控制——低代码物联网开发平台原理与实验

[1]   王弘扬 , 肖威 , 孙云辉 , 向旺 , 杨洋 .OPC UA 与 Node-red 技术在 IOT2040 物联网网关的应用 [J]. 制造业自动化 ,2018,40(07):58-60.

[2]   刘宏宏 . 基于 ES 的银行系统智能运维平台的设计与研究 [D]. 兰州大学 , 2019. DOI:10.27204/d.cnki.glzhu.2019.000143.

[3]   沈林涛 , 王凯 . 基于物联网技术的实验设备监控系统设计与实现 [J]. 软件导刊 , 2021,20(02):119-123.

[4]   李杰 , 赵娜 , 潘社辉 , 刘瑞礼 . 软路由在企业中的应用 [J]. 数字技术与应用 , 2016(04):35+37.DOI:10.19695/j.cnki.cn12-1369.2016.04.027.

5. 人工智能原理与实验

[1]   董纪阳 . 大数据时代的企业决策 [J]. 中国管理信息化 ,2014,17(24):43-45.

[2]   张翔 , 赵群 . 大数据时代中国制造业创新发展试述 [J]. 机械制造 ,2015,53(08):1-5.

[3]   嘉丹丹 . 基于物联网的纬编 MES 系统研究 [D]. 江南大学 ,2017.

[4]   郭坦 . 基于稀疏与低秩模型的图像表达与分类研究 [D]. 重庆大学 ,2017.

[5]   何雪英 . 机器学习算法在视频指纹识别中的应用研究 [D]. 山东大学 ,2011.

[6]   王东 . 在线核极限学习机的改进与应用研究 [D]. 安徽财经大学 ,2015.

[7]   王柯童 . 基于图像处理的列车故障自动检测系统设计 [D]. 哈尔滨工业大学 ,2008.

[8]   祝晓辉 . 基于图像处理的电力设备识别方法研究 [D]. 华北电力大学（河北）,2007.

[9]   李伟 . 曲线拟合在钢管计数中的应用与研究 [D]. 西南交通大学 ,2010.

[10] 范丽娟 . 数字化印前处理流程及制作要点分析 [J]. 广东印刷 ,2013(02):17-19.

[11] 崔占涛 . 受电弓滑板外部状态图像检测 [D]. 西南交通大学 ,2005.

[12] 韩姣 . 基于 VC++ 的 BMP 格式图像与 GIF 格式图像转换 [J]. 武汉理工大学学报 (信息与管理工程版),2007(12):23-25+30.

[13] 许德合 , 史瑞芝 , 翟琴 . 数字印前技术中的数据格式 [J]. 印刷技术 ,2007(31):64-67.

[14] 王玮华 . 基于图像处理技术的桥梁裂缝检测 [D]. 长安大学 ,2013.

[15] 朱景立 . 数字图像处理概述 [J]. 河南农业 ,2014(24):55-56.

[16] 潘炜 . 基于边缘和角点的图像特征提取方法的研究及实现 [D]. 北京邮电大学 ,2009.

[17] 肖杰 . 基于摄像头的交互方式的研究及应用 [D]. 长安大学 ,2010.

[18] 陈晓惠 . 基于马尔科夫模型的纹理图像分割 [D]. 中南民族大学 ,2011.

[19] 辛凤鸣 . 指针式仪表自动检定算法研究 [D]. 东北大学 ,2009.

[20] 刘颖 . 在役管线腐蚀故障图像识别方法研究 [D]. 东北大学 ,2008.

统筹发展与安全

网络安全形势日趋严峻。当前，世界进入复杂动荡的变革时期，网络空间已成为国家继陆、海、空、天之后的大国战略博弈对抗"第五疆域"，围绕网络空间发展主导权、制网权的争夺日趋激烈，网络安全威胁和风险与日俱增。同时，新一代信息通信技术加速向经济社会各领域渗透融合，数字经济新业态新模式不断涌现，网络安全在经济社会数字化转型发展中的基础性地位、全局性影响愈发突出。网络安全产业作为新兴数字产业，面临云网融合时代的新问题新挑战，需要新思路新对策。

网络安全保障能力持续提升。党的十八大以来，以习近平同志为核心的党中央高度重视网络安全工作。我国网络安全战略政策、法规制度体系和管理标准体系逐渐建立健全，均对网络安全合规建设提出了更高要求。在此背景下，关键保护、数据安全管理、个人信息保护等领域受到高度关注，5G、云计算、工业互联网、人工智能等新技术新应用风险防范能力持续加强，零信任、隐私计算、云原生安全等技术理念逐步落地，以企业为主体、市场为导向、产学研用深度融合的网络安全创新体系正在形成。

站在"十四五"发展的新起点上，我们要统筹发展与安全，在推动 5G、人工智能、工业互联网的过程中，必须筑牢网络安全防线，为加快推进制造强国、网络强国和数字中国建设提供坚实基础和有力支撑。[1]

---

[1] 本部分内容由工信部网安中心网络安全产业推进部支持撰写。